gimmyoung math

[수학 Ⅱ]

정답이 튀어나오는 수학 II

정원상 지음

1판 1쇄 인쇄 2003. 10. 2.
1판 1쇄 발행 2003. 10. 6.

발행처 김영사
발행인 박은주

등록번호 제1-25호
등록일자 1979. 5. 17.

서울특별시 종로구 가회동 17 우편번호 110-260
마케팅부 745-4823(구내 303), 팩시밀리 745-4826

값은 표지에 있습니다.

ISBN 89-349-1333-9 53410

좋은 독자가 좋은 책을 만듭니다.
김영사는 독자 여러분의 의견에 항상 귀기울이고 있습니다.
상담 및 문의 전화: 745-4823(구내 110, 112)
홈페이지: http://www.gimmyoung.com
이메일: gys@gimmyoung.com

정답이 튀어 나오는

[수학 Ⅱ]

정원상 지음

김영사

처음 정원상 교수가 객관식 수능수학 문제의 허점을 찌르는 비법이 있다고 했을 때 나는 그의 말을 믿을 수 없었다. 하지만 그가 쓴 원고를 읽어 보았더니 정말로 어려운 수학 문제를 직접 풀지 않고도 정답이 튀어나오게 할 수 있다는 것을 느꼈다. 태어나서 처음 보는 풀이법이었다. 그리고 문제를 풀어 내려가는 동안 정교수의 천재성에 감탄하지 않을 수 없었다.

동료 교수로서 연구실 옆방에서 국제적인 논문을 쓰고 있는 그의 모습을 10여 년간 지켜보았다. 그리고 정교수는 세계적인 수학 학술지와 물리 학술지에 100여 편의 논문을 게재할 정도로 연구 활동이 왕성한 이론 물리학자이다. 정교수는 엄청나게 계산이 빠르며 논문을 이해하는 능력도 탁월하다. 아마도 이 책은 그러한 정교수의 능력에 기인한 것이라 본다.

사석에서 정교수는 위트 있는 사람이다. 그의 순발력은 다른 교수들이 따라가지 못할 정도로 빠르고 재치가 있다. 그의 넘치는 끼와 재치가 이 책의 풀이법에 보이는 것 같다. 정교수는 서울대와

KAIST시절 과외로 수학을 가르쳤다고 한다. 그의 풍부한 과외 경험이 아마도 이런 책을 쓸 수 있게 한 원동력이 되었다고 생각한다.

이 책에는 실로 다양한 풀이법이 소개되어 있었다. 공업수학적인 방법, 이론 물리학적인 방법, 기타 비선형 물리학에서 자주 쓰이는 점근적인 행동고찰법 등이 고등학교 수학 문제에 맞춰 쓰여져 있다.

정교수의 교육관을 단적으로 보여 주는 것은 아마도 그가 사석에서 자주 언급하는 다음과 같은 말일 것이다.

"선배님. 요즘 애들 수학 실력이 형편없어요. 아마 찍기 수학만 해서 그런가 봐요. 다시 본고사 수학이 부활되어 무의미한 객관식 시험을 잘 보아 속칭 일류대학에 입학하는 해프닝이 좀 없어졌으면 해요. 옛날에 수학 한 문제를 놓고 20~30분 동안 씨름하던 그 모습을 요즘 아이들에게서는 발견할 수 없어요."

정교수는 진정으로 이 나라의 이공계 학생들의 점점 약해져가는 수학 실력을 걱정하고 있었다. 이공계 기피현상으로 문과 중심의 사회가 되고 있는 한국의 현실에서 정교수가 쓴 신비로운 수학책으로 인해 대학입시의 방향이 올바르게 정착되는 데 도움이 되었으면 하는 것이 동료 교수인 나의 바램이다.

경상대학교 과학교육과 김현수 교수

이 책을 펴내며……

최근 수능수학은 쉬웠다 어려웠다하는 널뛰기이다. 그 때마다 허탈해 하는 수험생들이 너무 많이 생기게 된다. 왜 이러한 문제가 생기는가? 그것은 정권이 바뀔 때마다 일관성 없이 바뀌는 입시 제도와 미국의 제도라면 무엇이든 좋은 것이라고 생각하는 안이한 태도 때문이다.

지금과 같은 수학 시험에 대해 수험생들은 어떻게 시험준비를 해야 하나? 그 해답의 반은 이 책 속에 있다. 저자는 어떻게 하면 우리의 입시(특히 수학)가 영원히 그 뿌리가 안 변하는 모습으로 정착할 수 있는가에 초점을 맞추고 현행 수능수학 시험의 문제점을 지적하고자 이 책을 집필하게 되었다.

수능수학 문제의 대다수는 객관식 5지 선다형이고 나머지는 단답형 문제이다. 어느 때나 그랬듯이 객관식 문제 중 50% 정도는 이 책에 소개되어 있는 특이한 풀이법(거꾸로 풀기)에 의해 중학교 정도의 수학으로도 풀리게 된다. 또한, 모든 고등학교에서 실시되는 내신을 위한 시험에서도 이 책에 소개된 방법은 완전히 모르는 문제를 단순한 수학으로 해결할 수 있게 해 준다. 그렇다면 그것은 이 책의 방법의 문제가 아니라 불성실한 시험 출제의 문제이고 객관식 시험 제도의 문제라 볼 수밖에 없다. 예비고사와 본고사의 마지막 세대인 저자는 개인적으로 현재의 교육 제도 및 입시 제도를 좋아하지 않는다. 오히려 일본이나 중국처럼 여전히 자신이 원하는 대학에 가서 시험을 치르는 본고사의 부활을 바라는 사람 중의 하나이다.

저자가 연구차 일본이나 유럽 학회에서 일본 또는 중국의 이론 물리학자를 만나게 되면 그들의 빠른 계산과 수학적 능력에 놀라게 된다. 그렇다면 지금 세대들이 증명 한 번 해 보지 않고, 게다가 한 문제에 20분 정도 주어지는 수학 문제에 도전해 본 경험이 없이 어떻게 대학에서 물리학, 공학, 경제학과 같이 수학적 능력을 많이 요하는 학문을 전공해 창의적인 아이디어를 낼 수 있을까 하는 생각이 많이 든다.

아무튼 로마에 가면 로마 사람이 되라고 했듯이 수능시험의 점수에 따라 정부, 언론, 학교, 학부형이 만들어 놓은 대학 서열에 수험생을 대응시키는 게임이라면 그 게임에서 좋은 결과를 얻고 싶어하는 것이 수험생 자신과 부모님들의 본성일 것이다. 그렇다면 주저 없이 이 책으로 객관식 수능수학의 어려운 문제를 해결하라. 이 책이 베스트셀러가 되어 수능수학의 객관식 시험 제도가 도마 위에 오르기 전까지는…….

이 책의 방법은 단순 대입법만으로 구성되어져 있는 것은 아니다. 각 단원에 따라 다른 방식의 거꾸로 풀이법이 소개되어 있다. 이 책을 쓰면서 많은 학교 시험 문제들을 구해 얼마나 거꾸로 풀리는가를 조사했다. 수능시험과 마찬가지로 학교 내신 시험에서도 이 책에 소개된 방법은 어려운 문제에 대해 그 위력을 발휘할 수 있다는 것을 알게 되었다.

그러면 어떤 문제가 거꾸로 풀리고 어떤 문제가 거꾸로 풀리지 않는가? 이 책을 쭉 따라가다 보면 독자들이 더 잘 알 수 있으리라 생각하지만 다음과 같이 요약해 볼 수 있다. 우선 "다음을 계산하여라." "다음을 풀어라."와 같은 단순 계산형 문제에서 보기가 숫자로 쓰여져 있는 경우는 거꾸로 풀리는 비율이 적다. 그러나 이러한 문제는 대부분 공식만 넣으면 간단하게 풀리는 문제이기 때문에 실수가 없는 한 많은 수험생들이 두려워하지 않는다. 그러나 문제가 미지의 문자들로 주어져 있고 보기도 문자로 주어져 있는 경우는 거꾸로 푸는 방법이 그 위력을 크게 발휘한다.

다음으로는 증명 문제이다. 〔가〕, 〔나〕, 〔다〕에 뭔가를 채워 넣는 증명 문제는 그 주변에서 미지수를 가장 간단한 값으로 선택하면 그 증명 과정을 모른다 해도 초등학교의 사칙연산으로 풀리는 유형이다. 또한, 도형과 관련된 증명 문제는 임의의 도형에 대해 성립하는 정리이므로 그 도형에 대해 문제가 쉽게 풀리도록 가장 간단하게 그리면 문제를 쉽게 해결할 수 있다. 또한, 그래프와 관련된 문제는 무한대에서의 행동을 조사하면 쉽게 답을 찾을 수 있는 데 이것은 이론 물리학의 연구에서 점근적 방법으로 알려진 이론이다.

이 책의 방법이 거꾸로에만 있는 것은 아니다. 집합의 연산에서 숫자로 푸는 방법은 수학의 partition의 개념을 도입했으며 다항식에서 계수만으로 푸는 방법은 x진법의 방법을 이용한 것이다. 그 외 확장된 나머지정리, 헤비사이드의 부분분수 전개 공식, 로피탈의 정리 등 물리수학이나 공업수학에서 자주 쓰이는 수학적 방법을 도입하였다.

그러나 이 책의 방법으로 모든 문제가 풀리는 것은 아니다. 그래서 저자는 수학외적능력 문제를 보다 쉽게 해결할 수 있는 방법을 김영사의 다른 시리즈를 통해 보여줄 계획이다. 책의 제목은 아직 결정되지 않았지만 그 책을 통해 수학외적능력 문제를 유형별로 분석하고 쓸데없는 말을 지워 단순한 수학 문제로 바꾸는 과정을 체계적으로 보여줄 예정이다. 또한, 기회가 주어진다면 2점짜리 단순 계산 문제를 체계적으로 정복하는 방법을 소개하는 책도 집필할 예정이다. 모쪼록 이 시리즈들이 모두 김영사를 통해 세상에 소개되고 수능 및 내신을 위한 수학 공부의 길라잡이가 될 수 있기를 희망한다.

끝으로 정답이 튀어나오는 수능수학 시리즈를 낼 수 있도록 독려해준 김영사 박은주 사장님과 문제를 여러 번 풀어 보고 교정해 준 경상대학교 물리학과 학생들에게 고마움을 표한다.

진주에서 정원상

차례

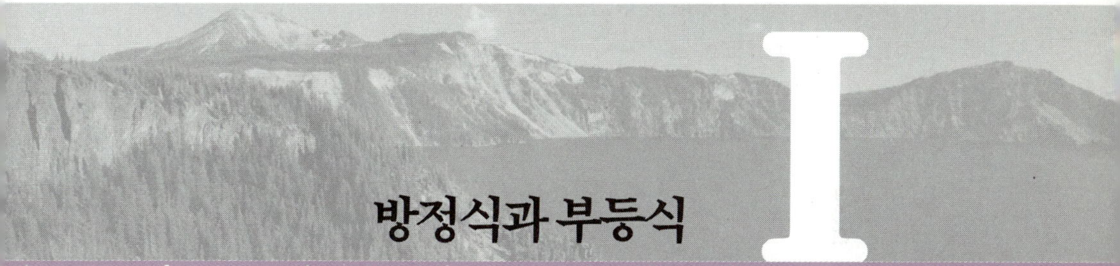

I 방정식과 부등식

chapter

1. 분수방정식
2. 무리방정식
3. 고차부등식
4. 분수부등식,
무리부등식

방정식과 부등식

1 분수방정식

분수방정식에서는 정답이 튀어나오는 수학 10 - 가, 10 - 나의 방정식 단원에서 사용하던 방법들이 주로 사용된다.

보기에서 무연근을 포함하는 답이 있으면 먼저 탈락시키고, 그렇지 않은 경우에는 보기의 적당한 x의 값을 넣어 보고 방정식이 성립하는지를 살펴본다.

2 무리방정식

정통으로 풀면 제곱을 이용해서 풀고, 다시 대입하여 원래의 방정식을 만족하지 않는 근(무연근)을 버린다. 그러나 이 책에서는 보기의 적당한 값을 넣어 보고 주어진 방정식을 만족하는지를 살펴본다.

3 고차부등식

고차부등식은 ∞나 −∞를 잘 활용하면 된다.

$$(x+a)(x+b)(x+c)>k$$

는 $x=\infty$일 때, 좌변이 ∞가 되니까 k의 값에 관계없이 부등식을 만족한다. 그런 경우 $x=\infty$인 구간이 있는 것이 정답 후보이다.

예를 들어, $x<a$는 $x=\infty$를 포함하지 않는다. 또한 $x>a$는 $x=\infty$를 포함한다.

여기서, $x<a$는 $x=-\infty$를 포함하는 것도 기억해 두자.

4 분수부등식, 무리부등식

정답이 튀어나오는 수학 10 − 가, 10 − 나의 부등식에서 사용한 방법을 역시 사용한다. 부등식의 답은 부등식으로 주어지므로 보기 5개를 둘러 보고 적당한 x의 값을 택한다. 그 값을 원래의 부등식에 넣어 부등식을 만족하면 그 값을 포함하는 보기는 1차전을 통과하고, 그렇지 않은 보기는 1차전을 탈락한다.

분수부등식이나 무리부등식에서도 무한대를 사용하는 경우가 있으니 무한대에 대해서는 잘 정리해 두어야 한다.

EQ 01 무연근

분수방정식 $\dfrac{x}{x+1} - \dfrac{2}{x-1} + \dfrac{4}{x^2-1} = 0$을 풀면?

① $x = -1$　　　　　② $x = 1$

③ $x = 2$　　　　　④ $x = 1$ 또는 $x = -1$

⑤ $x = 1$ 또는 $x = 2$

$x = -1$ 또는 $x = 1$은 분모를 0이 되게 하지?

그럼 $x = -1$이나 $x = 1$은 근이 아니자나.

요런 걸 무연근이라고 하지. 답이 걍 보이는군.

여기서 답은 ③이야.

 Note

 우연히 모의 고사 문제집에서 발견한 문제이다. 결국 객관식 수학의 문제점을 드러낸 출제이다. 분모를 0이 되게 만드는 근을 분수방정식의 무연근이라 한다.

EQ 02 분수방정식

> $a>1$일 때, 다음 방정식의 근에 대한 설명 중 옳은 것을 모두 골라라.
>
> $$\frac{1}{x+1}+\frac{1}{x-1}+\frac{1}{x+a}=0$$
>
> ㄱ. 서로 다른 두 실근을 갖는다.
>
> ㄴ. 1보다 큰 근을 갖지 않는다.
>
> ㄷ. -1보다 작은 근을 갖지 않는다.

$a=2$를 택해 봐.

그러면 $\dfrac{1}{x+1}+\dfrac{1}{x-1}+\dfrac{1}{x+2}=0$이니까

요걸 정리하면 $\dfrac{3x^2+4x-1}{(x+1)(x-1)(x+2)}=0$이야.

그럼 근은 $x=\dfrac{-2\pm\sqrt{7}}{3}$이지?

ㄱ. 서로 다른 두 실근을 갖지? 그럼 ㄱ은 맞아.

ㄴ. 1보다 큰 근 없지? 그럼 ㄴ두 맞아.

ㄷ. $x=\dfrac{-2-\sqrt{7}}{3}$은 -1 보다 작지? 그럼 ㄷ은 틀리지?

그러니까 옳은 건 ㄱ, ㄴ이야.

무리방정식 $\sqrt{x+2}-\sqrt{3-x}=1$을 풀면?

① $x=-2$ ② $x=2$

③ $x=0$ ④ $x=-2$ 또는 $x=2$

⑤ $x=0$ 또는 $x=2$

$P=\sqrt{x+2}-\sqrt{3-x}$ 라구 해 봐.

글구 보기에 있는 x를 넣어 봐…

1이 되는지 안 되는지를 보면 돼.

먼저 $x=-2$를 넣어 봐.

$P\neq1$이지? 그럼 -2가 있는 건

답이 아니군.

그러니까 ①, ④는 탈락이야.

②, ③, ⑤가 정답 후보군.

 **자~ 2차전 가자…**

$x=0$을 넣어 봐.

$P \neq 1$이지? 그럼 ②, ③, ⑤에서 0이 있는 건 답이 아니자나.

③, ⑤는 탈락이군. ②만 남았지?

그러니까 ②가 답이야.

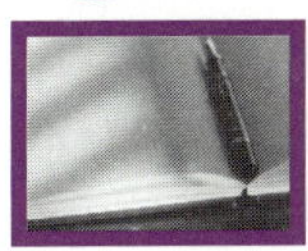 무리방정식은 반드시 대입해 보고 근인지 아닌지를 판단
하자.

방정식 $\sqrt{2x+1}=x+a$가 서로 다른 두 실근을 갖도록 하는 상수 a의 값의 범위는?

① $0 \leq a \leq 1$　　② $\dfrac{1}{2} \leq a < 1$　　③ $\dfrac{1}{2} \leq a \leq \dfrac{3}{2}$

④ $\dfrac{2}{3} \leq a < 1$　　⑤ $1 < a < 2$

$a=1$을 넣어 봐. $\sqrt{2x+1}=x+1$이지?

양변을 제곱하면 $2x+1=x^2+2x+1$이구,

정리하면 $x^2=0$이거든.

그럼 $x=0$인 중근을 갖는군.

요 땐 서로 다른 두 실근을 안 갖지?

그럼 $a=1$을 포함하는 건 답이 아니야.

그러니까 ②, ④, ⑤가 정답 후보야.

자~ 2차전 가자···

$a = \dfrac{1}{2}$ 를 넣어 봐. $\sqrt{2x+1} = x + \dfrac{1}{2}$ 이지?

양변을 제곱하면 $2x + 1 = x^2 + x + \dfrac{1}{4}$ 이구,

요걸 정리하면 $4x^2 - 4x - 3 = 0$, $(2x-3)(2x+1) = 0$ 이지?

그럼 근은 $x = \dfrac{3}{2}$ 또는 $x = -\dfrac{1}{2}$ 이야.

둘 다 $\sqrt{}$ 안을 음수로 만들지 않지?

그럼 서로 다른 두 실근을 갖자나. ②, ④, ⑤에서 $a = \dfrac{1}{2}$ 을

포함하는 게 답이야.

그러니까 당근 ②가 답이야.

무리방정식 $\sqrt{x+4}+x=2$의 근을 α라고 할 때, 다음 중 실수 α의 범위로 옳은 것은?

① $-1<\alpha<1$　② $0<\alpha<2$　③ $1<\alpha<3$

④ $2<\alpha<4$　⑤ $3<\alpha<5$

$\alpha=0$을 택해 봐.

$\sqrt{0+4}+0=2$이니까 맞지?

그럼 $\alpha=0$이 근이야.

보기에서 $\alpha=0$을 포함하는 걸 찾아봐. ①이지?

그러니까 답은 ①이야.

+ *Note*

가능하면 빨리 결론이 나도록 α의 값을 택하는 것이 유리하다.

1 다음 중 방정식 $x=a+\sqrt{a+\sqrt{x}}$ 의 근은? (단, $a>0$)

① $x=2a+1$ ② $x=2a-1$

③ $x=\sqrt{4a+1}$ ④ $x=\dfrac{2a+1+\sqrt{4a+1}}{2}$

⑤ $x=\dfrac{2a+1-\sqrt{4a+1}}{2}$

2 $y=f(x)$의 그래프가 오른쪽 그림과 같을 때, 방정식

$$2+\sqrt{f(x)}=f(x)$$

의 실근의 개수는?

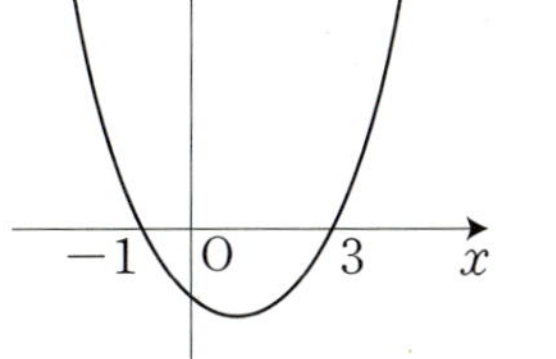

① 1개 ② 2개 ③ 3개

④ 4개 ⑤ 5개

다음은 무리방정식 $\sqrt{x+[x]}=2x-[x]$의 해의 집합을 구하는 과정이다.

(단, $[x]$는 x를 넘지 않는 최대 정수이다.)

$x+[x]\geqq 0$에서 $x\geqq 0$, $x=n+\alpha$ (n은 정수, $0\leqq\alpha<1$)로 놓으면 $n\geqq 0$이다.

$$\sqrt{x+[x]}=2x-[x]\Longleftrightarrow\sqrt{2n+\alpha}=n+2\alpha$$

양변을 제곱하여 정리하면

$$2n-n^2=\alpha(4n+4\alpha-1)$$

(i) $\alpha=0$일 때, $x=0$ 또는 $x=\boxed{(가)}$

(ii) $0<\alpha<1$일 때,

　㉠ $n=0$이면 $x=\boxed{(나)}$

　㉡ $n\geqq 1$이면 $x=\boxed{(다)}$

따라서 (i), (ii)에 의하여 구하는 해집합은

$\{0,\ \boxed{(가)},\ \boxed{(나)},\ \boxed{(다)}\}$이다.

위의 (가), (나), (다)에 알맞은 것을 차례대로 나열하면?

① $1,\ \dfrac{1}{3},\ \dfrac{4}{3}$　② $1,\ \dfrac{1}{2},\ \dfrac{3}{2}$　③ $2,\ \dfrac{1}{3},\ \dfrac{4}{3}$

④ $2,\ \dfrac{5}{4},\ \dfrac{1}{4}$　⑤ $2,\ \dfrac{1}{4},\ \dfrac{5}{4}$

$\alpha=0$이면 $2n-n^2=0$이니까 $n=2$ 또는 $n=0$이군.

그런데 $x=n+\alpha$이니까 $x=0$ 또는 $x=2$이지?

그럼 (가)$=2$이자나.

그러니까 ③, ④, ⑤가 정답 후보야.

▌ 자~ 2차전 가자…

$0<\alpha<1$일 때, $\alpha=\dfrac{1}{4}$을 택해 봐.

$\alpha=\dfrac{1}{4}$을 $2n-n^2=\alpha(4n+4\alpha-1)$에 넣으면

$2n-n^2=\dfrac{1}{4}(4n+1-1)=n$, $n-n^2=0$이니까

$n=0$ 또는 $n=1$이지?

그럼 $x=n+\dfrac{1}{4}$에 n의 값을 넣어 보자구.

$n=0$이면 $x=0+\dfrac{1}{4}=\dfrac{1}{4}=$(나)이구

$n=1$이면 $x=1+\dfrac{1}{4}=\dfrac{5}{4}=$(다)이자나.

그러니까 답은 ⑤야.

부등식 $(x-1)^2(x+1)(x-2)\geqq 0$을 만족하는 x의 값의 범위는?

① $-1\leqq x<2$

② $x<-1$ 또는 $x>2$

③ $x\leqq -1$ 또는 $x\geqq 2$

④ $-1\leqq x\leqq 2$ 또는 $x=1$

⑤ $x\leqq -1$ 또는 $x=1$ 또는 $x\geqq 2$

$x=\infty$를 넣어 봐. 부등식을 만족하지?

보기에서 $x=\infty$를 포함하는 걸 찾아봐.

②, ③, ⑤가 정답 후보군.

 **｜ 자 ~ 2차전 가자 …**

$x=1$을 넣어 봐. 부등식을 만족하지?

그라믄 ②, ③, ⑤에서 $x=1$을 포함하는 걸 찾아봐. ⑤이지?

그러니까 답은 ⑤야.

EQ08 고차부등식

부등식 $x(x+1)(x-2)^2(x-3)^3 \leq 0$을 만족하는 x 의 값의 최대값과 최소값을 차례대로 나열하면?

① $3, -1$ ② $3,$ 없다   ③ $0, -1$

④ $-1,$ 없다   ⑤ $2, -1$

$x=-\infty$를 넣어 봐.

부등식을 만족하니까 최소값이 없지?

그럼 ②, ④가 정답 후보야.

자~ 2차전 가자…

$x=3$을 넣어 봐. 부등식을 만족하지?

이 때 3이 바로 최대값이야.

그러니까 답은 ②라구.

Note

고차부등식에서는 다음 두 가지가 중요한 테크닉이다.

ㄱ. $\pm\infty$인 경우를 생각한다.

ㄴ. 간단한 x의 값을 넣어 본다.

EQ09 고차부등식

부등식 $(x-1)^3(x-4)<0$을 만족하는 x의 구간에서 $f(x)=x^2+4x+a$가 항상 양이 되는 상수 a의 값의 범위는?

① $a<0$ ② $a>-5$ ③ $a\leqq 0$

④ $a\geqq -5$ ⑤ $-5\leqq a<0$

$(x-1)^3(x-4)<0$을 풀면 $1<x<4$이지?

그럼 그 범위에 있는 젤루 간단한 x를 택해 봐.

$x=2$를 $f(x)=x^2+4x+a$에 넣어 봐.

그럼 $f(x)=12+a$이자나.

요기에 $a=\infty$를 넣으면 양수이지?

보기에서 $a=\infty$를 포함하는 걸 찾아봐.

②, ④가 정답 후보군.

 **자 ~ 2차전 가자 …**

이번엔 $f(x)=12+a$에 $a=-5$를 넣어 봐.

양수이지? 그럼 ②는 탈락.

그러니까 ④가 답이야.

 범위에 있는 간단한 x의 값을 택하면 쉬운 문제로 바꾸어 풀 수 있다.

EQ 10 고차부등식

$f(x)=x^3+x$일 때, $(f \circ f)(x)<\{f(x)\}^3$의 해는?

① $x>0$ ② $x<0$ ③ $x>-1$

④ $x<-1$ ⑤ $-1<x<0$

$x=1$을 넣어 봐.

$f(1)=2$이니까 $f(f(1))=10$이구 $\{f(1)\}^3=8$이야.

요 땐 부등식이 성립하지 않지?

그럼 ②, ④, ⑤가 정답 후보야.

자~ 2차전 가자…

$x=-1$을 넣어 봐.

$f(-1)=-2$이니까 $\{f(-1)\}^3=-8$이구 $f(f(-1))=-10$이야.

요번엔 부등식이 성립하지?

그럼 보기에서 $x=-1$을 포함하는 걸 찾아봐. ②이지?

그러니까 ②가 답이야.

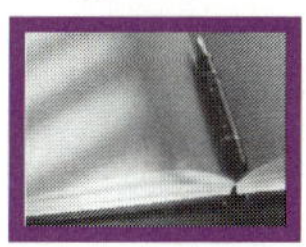

간단한 x의 값을 택해서 그 때 부등식이 성립하는지를
확인한다.

EQ11 **고차부등식**

삼차함수 $y=f(x)$의 그래프가 오른쪽 그림과 같을 때, 연립부등식 $\begin{cases} f(x)\geqq 0 \\ f(-x)\geqq 0 \end{cases}$ 의 해는?

① $x\leqq -3$　　② $x\leqq -2$

③ $0\leqq x\leqq 2$　　④ $-2\leqq x\leqq 0$　　⑤ $-2\leqq x\leqq 2$

$f(x)=(x+2)(x-2)(x-3)$이라구 해 봐.

$f(-x)=(-x+2)(-x-2)(-x-3)$이니까

$f(-x)\geqq 0$이면 $(x-2)(x+2)(x+3)\leqq 0$이자나.

연립부등식 $\begin{cases} (x+2)(x-2)(x-3)\geqq 0 \\ (x-2)(x+2)(x+3)\leqq 0 \end{cases}$ 에서

$x=-\infty$이면 연립부등식이 성립하지 않지?

그럼 ③, ④, ⑤가 정답 후보야.

▌ 자~ 2차전 가자…

$x=2$와 -2를 각각 넣어 봐. 부등식을 만족하지?

그러니까 답은 ⑤야.

3 부등식 $(x-1)(x-3)^2(x-2)^3(x^2+x+1)\leq 0$을 풀면?

① $0\leq x\leq 2$ ② $1\leq x\leq 2$

③ $2\leq x\leq 3$ ④ $0\leq x\leq 4$

⑤ $1\leq x\leq 2$ 또는 $x=3$

4 두 부등식

$(x+1)(x-1)(x-2)>0,\ (x+1)(x-1)(x-2)^2>0$

을 동시에 만족하는 실수 x의 값의 범위는?

① $x<-1$ ② $-1<x<1$ ③ $x<1$

④ $1<x<2$ ⑤ $x>2$

EQ 12 분수부등식

부등식 $x+\dfrac{2}{x+1}\geqq 2$ 를 풀면?

① $-1<x\leqq 1$

② $-1<x\leqq 0$ 또는 $x>1$

③ $-1<x\leqq 0$ 또는 $x\geqq 1$

④ $-1\leqq x\leqq 0$ 또는 $x\geqq 1$

⑤ $0\leqq x\leqq 1$ 또는 $x\geqq 2$

$x=-1$은 분모를 0이 되게 하니까 안 되지? ④는 탈락.

$x=1$을 넣어 봐. 만족하지? ②는 탈락.

$x=1.5=\dfrac{3}{2}$ 을 넣어 봐. 만족하지? ①, ⑤는 탈락.

그러니까 ③이 답이군.

EQ13 분수부등식

부등식 $\left(x+\dfrac{1}{x}\right)(x^2-|x|-2)\leqq 0$을 풀면?

① $0<x\leqq 1$ 또는 $x\leqq -2$

② $0<x\leqq 1$ 또는 $x\leqq -1$

③ $0<x\leqq 2$ 또는 $x\leqq -1$

④ $0<x\leqq 2$ 또는 $x\leqq -2$

⑤ $0<x\leqq 2$ 또는 $x<-2$

$x=2$를 넣어 봐. 부등식을 만족하지?

그럼 $x=2$가 없는 건 답이 아니잖아.

그러니까 ③, ④, ⑤가 정답 후보야.

■ 자~ 2차전 가자…

$x=-2$를 넣어 봐. 부등식을 만족하지?

그럼 $x=-2$가 없는 건 답이 아니잖아.

그러니까 ③, ④가 정답 후보야.

■ 에구구~ 3차전 가야겠군!

$x=-1$을 넣으면 $\left(x+\dfrac{1}{x}\right)(x^2-|x|-2)>0$이니까 부등식을

만족하지 않지? 그럼 ③은 탈락이군. **그러니까 ④가 답이야.**

이차방정식 $x^2-2px+2=0$의 두 근을 α, β라 할 때, 부등식 $\dfrac{1}{x-\alpha}+\dfrac{1}{x-\beta}\geqq0$을 풀면?

(단, p는 상수, $\beta>\alpha>0$)

① $\alpha\leqq x\leqq p$ 또는 $x\geqq\beta$　② $\alpha<x\leqq p$ 또는 $x>\beta$

③ $x<\alpha$ 또는 $p<x<\beta$　④ $x<\alpha$ 또는 $p\leqq x<\beta$

⑤ $p-1\leqq x<\alpha$ 또는 $x>\beta$

$p=\dfrac{3}{2}$이면 x^2-3x+2

$=(x-1)(x-2)=0$이지?

그럼 $\alpha=1$, $\beta=2$이니까

부등식 $\dfrac{1}{x-1}+\dfrac{1}{x-2}\geqq0$

을 푸는 문제가 되자나.

보기는 요로케 바뀌구…

① $1\leqq x\leqq\dfrac{3}{2}$ 또는 $x\geqq2$　　② $1<x\leqq\dfrac{3}{2}$ 또는 $x>2$

③ $x<1$ 또는 $\dfrac{3}{2}<x<2$　　④ $x<1$ 또는 $\dfrac{3}{2}\leqq x<2$

⑤ $\dfrac{1}{2}\leqq x<1$ 또는 $x>2$

$x=1$ 또는 $x=2$는 분모를 0이 되게 하니까 안 되지? ①은 탈락.

$x=\dfrac{3}{2}$을 넣으면 만족하니까 ③, ⑤는 탈락이구

$x=3$을 넣으면 만족하니까 ④도 탈락이라구.

그러니까 ②가 답이야.

5 모든 양수 x에 대하여 부등식 $\dfrac{1}{x-a} < \dfrac{2}{x-2a}$ 가 성립하기 위한 실수 a의 값의 범위는?

① $a \geqq 0$ ② $a \leqq 0$ ③ $a \leqq -1$

④ $a \leqq 1$ ⑤ $a \geqq 1$

6 $a > b$일 때, 부등식 $\dfrac{1}{x-a} \leqq \dfrac{1}{x-b}$ 을 풀면?

(단, a, b는 상수)

① $b < x < a$ ② $a < x \leqq a+b$

③ $b < x \leqq a+b$ ④ $x < b$ 또는 $x > a$

⑤ $b-a < x < b$

두 조건 p, q에서 $p : \dfrac{x^2+1}{2x^2-x-1} < 0$일 때, 다음 중

p가 q이기 위한 필요조건이 될 수 있는 q는?

① $q : |x| \leqq 1$　② $q : |x| \leqq \dfrac{1}{2}$　③ $q : |x| \geqq 1$

④ $q : |x| > \dfrac{1}{2}$　⑤ $q : |x| < \dfrac{1}{2}$

$x=\infty$이면 조건 p가 성립하지 않지?

그럼 보기에서 $x=\infty$를 포함하는 건 답이 아니야.

그러니까 ①, ②, ⑤가 정답 후보군.

▌ 자~ 2차전 가자…

$x=1$을 넣으면 분모가 0이 되니까 조건 p가 성립하지 않지?

그럼 $x=1$을 포함하는 건 답이 아니자나. ①이 탈락이군.

▌ 에구구~ 3차전 가야겠군!

$x=-\dfrac{1}{2}$을 넣으면 분모가 0이 되니까 조건 p가 성립하지 않지?

그러니까 ⑤가 답이야.

EQ16 분수부등식

임의의 실수 x에 대하여 다음 부등식이 성립하도록 하는 정수 a의 개수는?

$$-1 \leq \frac{x^2 - ax + a^2}{x^2 - x + 1} \leq 3$$

① 1개　　② 2개　　③ 3개

④ 4개　　⑤ 5개

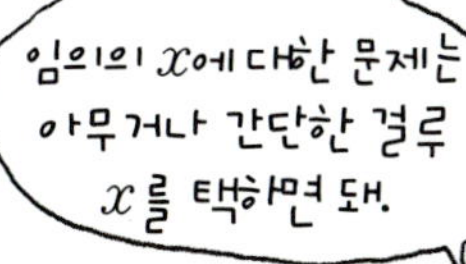

임의의 실수 x에 대하여 성립하니까
젤루 간단한 x를 찾아봐. $x=0$ 어때?
그럼 부등식은 $-1 \leq a^2 \leq 3$이 되지?
그런데 $a^2 \geq 0$이니까 $0 \leq a^2 \leq 3$이자나.
요걸 풀면 $-\sqrt{3} \leq a \leq \sqrt{3}$이니까
정수 a의 개수는 $-1, 0, 1$의 3개야.
당근 답은 ③이지.

✚ Note

$\sqrt{2} \fallingdotseq 1.4$, $\sqrt{3} \fallingdotseq 1.7$은 꼭 기억해 두자.

연립부등식 $\begin{cases} 7-x \geq 3|x-3| \\ \dfrac{1}{x-1}+\dfrac{1}{x-3} \geq 0 \end{cases}$

을 만족하는 x의 값의 범위는? 〔'00 수능〕

① $x<1$ 또는 $3<x \leq 4$　② $x<1$ 또는 $x \geq 4$

③ $1<x \leq 2$ 또는 $x \geq 4$　④ $1<x<3$ 또는 $3<x \leq 4$

⑤ $1<x \leq 2$ 또는 $3<x \leq 4$

$x=\infty$이면 연립부등식이 성립하지 않지?

그럼 ②, ③은 답이 아니니까 ①, ④, ⑤가 정답 후보야.

┃ 자~ 2차전 가자…

$x=0$을 넣어 봐. 연립부등식을 만족하지 않지?

그럼 ①은 탈락이군.

┃ 에구구~ 3차전 가야겠군!

$x=2.5$를 넣어 봐. 연립부등식을 만족하지 않지?

그러니까 ⑤가 답이야.

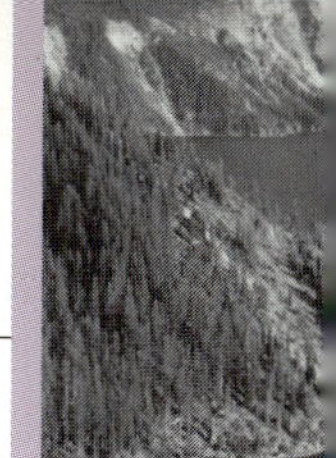

7 부등식 $\dfrac{|x|-1}{x-4}<0$을 만족하는 정수 x의 값 중 가장 큰 것은?

① 7　　　　② 6　　　　③ 5

④ 4　　　　⑤ 3

8 부등식 $\dfrac{x(x-2)}{|x-1|}<0$을 풀면?

① $1<x<2$

② $x<0$ 또는 $x>2$

③ $0<x<1$ 또는 $1<x<2$

④ $0<x<1$ 또는 $x>2$

⑤ $x<0$ 또는 $1<x<2$

EQ18 분수부등식

연립부등식 $\begin{cases} (x+3)(x+1)(x-2)>0 \\ (x+2)(x-1)(x^2+x+1)\leqq 0 \end{cases}$ 와 해

가 같은 부등식은?

① $\dfrac{x+2}{x+1}\geqq 0$　　② $\dfrac{x+1}{x+2}\geqq 0$　　③ $\dfrac{x+2}{x+1}\leqq 0$

④ $\dfrac{x-2}{x+2}\geqq 0$　　⑤ $\dfrac{x+2}{x-2}\leqq 0$

$x=\infty$이면 연립부등식이 성립하지 않지?

보기에서 $x=\infty$일 때, 성립하지 않는 걸 찾아봐. ③, ⑤이지?

 **｜ 자~ 2차전 가자…**

$x=0$을 넣어 봐. 연립부등식이 성립하지 않지?

③, ⑤에 $x=0$을 넣어 성립하지 않는 걸 찾으면… ③이지?

그러니까 ③이 답이야.

 $\mathscr{Note}$

 $\displaystyle\lim_{x\to\infty}\dfrac{x+a}{x+b}=1$임을 기억해 두자.

9 연립부등식 $\begin{cases} (x+2)(x-1)(x-3)>0 \\ (x+2)(x-1)^2(x-3)<0 \end{cases}$ 을 만족하는

x의 값의 범위는?

① $-2<x<1$ ② $-2<x<3$

③ $1<x<3$ ④ $x<-2$ 또는 $x>1$

⑤ $x<1$ 또는 $x>3$

10 두 집합

$$P=\{x\,|\,(x+2)^3(x-1)\leqq 0\},\ Q=\left\{x\ \middle|\ \frac{x-2}{x+3}\leqq 0\right\}$$

에 대하여 $P\cup Q$에 포함되는 정수의 개수는?

① 1개 ② 2개 ③ 3개

④ 4개 ⑤ 5개

부등식 $\dfrac{(x-3)\sqrt{x-2}}{|x-4|(x-1)}<0$을 풀면?

① $1<x<2$　　② $1<x<3$　　③ $2<x<3$

④ $2<x<4$　　⑤ $3<x<4$

$x=2$를 넣어 봐.

성립하지 않지?

그러니까 ①, ③, ④, ⑤가 정답 후보야.

▌ 자 ~ 2차전 가자 …

$x=2.5$를 넣어 봐.

성립하지? 그럼 ③, ④가 정답 후보야.

▌ 에구구 ~ 3차전 가야겠군!

$x=3$을 넣어 봐.

성립하지 않지? ④는 탈락이군.

그러니까 ③이 답이야.

11 두 함수 $f(x)$, $g(x)$의 그래프가 다음 그림과 같을 때,

부등식 $\sqrt{f(x)} < \sqrt{g(x)}$의 해는?

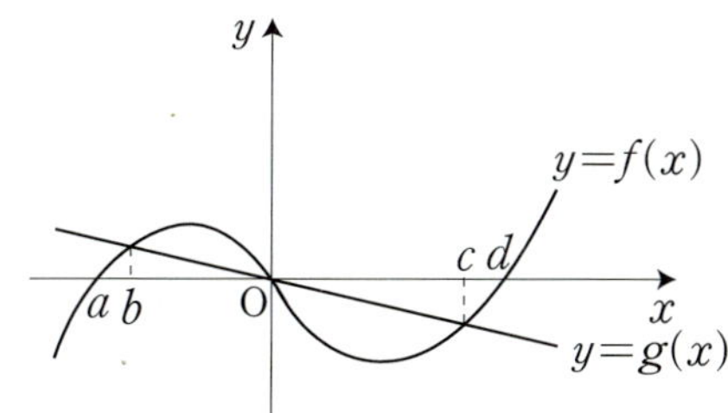

① $x < b$
② $a < x < b$

③ $a \leqq x < b$
④ $x < b$ 또는 $0 < x < c$

⑤ $x < b$ 또는 $0 \leqq x < c$

함수의 극한

II

함수의 극한

1 무한대 극한(분모와 분자가 다항식인 경우)

분모와 분자가 다항식으로 주어져 있고 x가 무한대로 가는 경우에는 분모와 분자에서 각각 최고차항만 남겨 놓고 비교하면 된다.

이 때, 다음과 같은 3가지 경우가 생긴다.

(i) (분자의 차수) > (분모의 차수)

　x가 무한대로 갈 때 극한도 ∞가 된다.

(ii) (분자의 차수) = (분모의 차수)

　x가 무한대로 갈 때 분자와 분모의 계수만으로 극한값이 표시된다.

(iii) (분자의 차수) < (분모의 차수)

　x가 무한대로 갈 때 극한값은 0이 된다.

2 무한대 극한(분모와 분자가 지수함수인 경우)

분모와 분자가 지수함수의 합이나 차로 주어져 있고 x가 무한대로 가는 경우에는 분모와 분자에서 각각 밑이 가장 큰 수의 지수항만을 남겨 놓고 비교한다.

3 특별한 극한값

극한에 대한 문제를 거꾸로 풀 때, 자주 사용하는 공식으로는 다음
과 같은 것이 있다.

$$\lim_{x \to \infty} \frac{(아무\ 숫자)}{x} = 0$$

4 로피탈의 정리

$x \to a$일 때 $\dfrac{f(x)}{g(x)}$가 $\dfrac{0}{0}\left(\text{또는}\ \dfrac{\infty}{\infty}\right)$꼴이면 다음이 성립한다.

$$\lim_{x \to a} \frac{f(x)}{g(x)} = \lim_{x \to a} \frac{f'(x)}{g'(x)}$$

만일 $\displaystyle\lim_{x \to a} \dfrac{f'(x)}{g'(x)}$가 다시 $\dfrac{0}{0}\left(\text{또는}\ \dfrac{\infty}{\infty}\right)$꼴이면 다시 분모와 분자
를 미분한다.

이 때, $\displaystyle\lim_{x \to a} \dfrac{f(x)}{g(x)} = \lim_{x \to a} \dfrac{f''(x)}{g''(x)}$가 된다.

또한 $\displaystyle\lim_{x \to a} \dfrac{f''(x)}{g''(x)}$가 다시 $\dfrac{0}{0}\left(\text{또는}\ \dfrac{\infty}{\infty}\right)$꼴이면 $\dfrac{0}{0}\left(\text{또는}\ \dfrac{\infty}{\infty}\right)$꼴

이 되지 않을 때까지 분모와 분자를 계속 미분해 간다.

다음 극한값을 구하여라.

(1) $\displaystyle\lim_{x \to \infty} \frac{2x^2+3x+1}{4x^2-1}$

(2) $\displaystyle\lim_{x \to \infty} \frac{2x^2+3x+1}{x^3+x^2+x+1}$

(1) $\dfrac{2x^2+3x+1}{4x^2-1}$ 의 분모, 분자에서 각각 최고차항만 빼고 다 지

워 봐.

그라믄… $\dfrac{2x^2}{4x^2}$ 이군.

약분하면 $\dfrac{2x^2}{4x^2} = \dfrac{2}{4} = \dfrac{1}{2}$ 이지?

요기에 $\displaystyle\lim_{x \to \infty}$ 를 때려 봐. 그게 답이야.

그러니까 답은 $\dfrac{1}{2}$ 이야.

(2) $\dfrac{2x^2+3x+1}{x^3+x^2+x+1}$ 의 분모, 분자에서 각각 최고차항만 빼고 다

지워 봐.

그라믄… $\dfrac{2x^2}{x^3}$ 이구

요걸 약분하면…

$\dfrac{2x^2}{x^3}=\dfrac{2}{x}$ 이지?

요기에 $\lim\limits_{x\to\infty}$ 를 때려 봐.

$\lim\limits_{x\to\infty}\dfrac{2}{x}=0$ 이니까 **답은 0이야.**

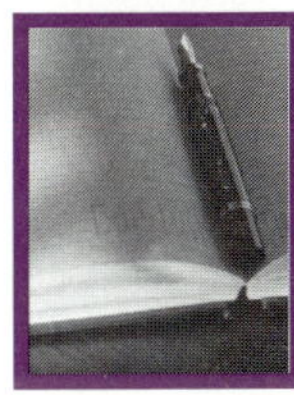

x가 ∞로 갈 때 x^2은 x에 비해 무지무지하게 커진다.
그러니까 x는 x^2에 비해 무시할 수 있다.
따라서 x가 ∞로 갈 때는 차수가 가장 높은 항만 비교하
면 쉽게 극한을 구할 수 있다.

극한값 $\displaystyle\lim_{x\to\infty}\dfrac{2x+3}{\sqrt{3+x^2}-1}$ 을 구하여라.

$\dfrac{2x+3}{\sqrt{3+x^2}-1}$ 의 분모, 분자에서 각각 최고차항을 빼고 다 지워 봐.

그라믄… $\dfrac{2x}{\sqrt{x^2}}$ 이군.

요기서 $\sqrt{x^2}=x(\because x\to\infty$에서 $x>0)$이니까 $\dfrac{2x}{x}=2$이지?

그럼 요기에 $\displaystyle\lim_{x\to\infty}$ 를 때려도 역시 2이거든.

그러니까 답은 2야.

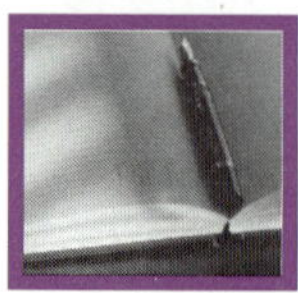

우선 $\sqrt{}$ 안에서 가장 차수가 높은 항만 남겨두면 된다. 이 때, $\sqrt{x^n}$ 의 차수는 $\dfrac{n}{2}$ 이라는 것을 명심하자.

1 다음 극한을 조사하고, 수렴하면 극한값을 구하여라.

(1) $\displaystyle \lim_{x \to \infty} \frac{2x^3 + x}{x^2 - x}$

(2) $\displaystyle \lim_{x \to \infty} \frac{-2x^3 + 3x}{2x^3 + x^2 - x + 2}$

2 극한값 $\displaystyle \lim_{x \to \infty} \frac{2x^2 - \sqrt{x^3 + 1}}{x^2 + x + 1}$ 을 구하여라.

극한값 $\displaystyle\lim_{x \to \infty} \frac{3^{x+1}-2^x}{2^{2x}+3^x}$ 을 구하여라.

분자는 $3 \times 3^x - 2^x$ 이지?

근데 x가 무한대(∞)로 가면

3^x은 2^x에 비해 무지무지하게 커지거든.

그러니까 2^x은 무시해도 돼.

그럼 분자에선 3×3^x만 남겨 두라구.

또 $2^{2x}=4^x$이니까 분모에선 4^x만 남겨 둬.

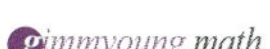

자~ 이제 분자, 분모에서 남아 있는 거만 써 봐.

$\dfrac{3\times3^x}{4^x}$ 이지?

요걸 다시 쓰면

$3\times\dfrac{3^x}{4^x}=3\times\left(\dfrac{3}{4}\right)^x$ 이지?

요기에 $\lim\limits_{x\to\infty}$ 를 때리면 0이거든.

그러니까 답은 0이야.

+Note

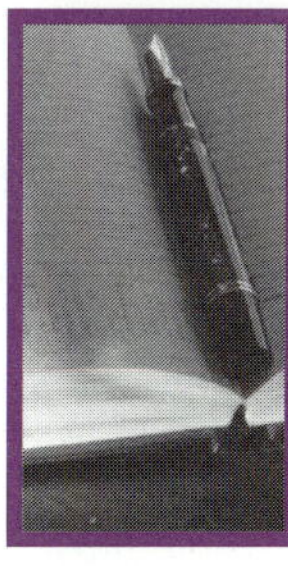

$$\lim_{x\to\infty}\frac{\triangle^x}{\square^x}=\begin{cases}\infty\ (\triangle>\square\text{인 경우})\\ 1\ (\triangle=\square\text{인 경우})\\ 0\ (\triangle<\square\text{인 경우})\end{cases}$$

그러니까…
(1보다 작은 넘)$^\infty$은 0으로 수렴하고,
(1보다 큰 넘)$^\infty$은 ∞로 발산한다.

극한값 $\displaystyle\lim_{x \to \infty}\left(\dfrac{3x+1}{x^2-x} \times \sin\dfrac{\pi}{2}x\right)$ 를 구하여라.

$\sin\dfrac{\pi}{2}x$ 는 뭔지 모르지만 어떤 숫자이거든.

$x \to \infty$ 일 때 $3x+1$ 에선 $3x$ 가 남고,

x^2-x 에선 x^2 이 남으니까

$$\lim_{x \to \infty}\left\{\dfrac{3x}{x^2} \times (\text{어떤 수})\right\} = \lim_{x \to \infty}\left\{\dfrac{3}{x} \times (\text{어떤 수})\right\}$$

$$= \dfrac{(\text{어떤 수})}{\infty} = 0 \text{이라구.}$$

그러니까 답은 당근 **0**이야.

 **Note**

$\sin$ 이나 $\cos$ 의 함수값은 반드시 어떤 특정한 숫자이다.

3 $a>b>0$일 때, $\displaystyle\lim_{x\to\infty}\dfrac{a^{x+1}+b^x}{a^x+b^{x+1}}$ 의 극한값은?

① $\dfrac{1}{a}$ ② $\dfrac{1}{b}$ ③ 0

④ b ⑤ a

4 다음 극한값을 구하여라.

(1) $\displaystyle\lim_{x\to\infty}\dfrac{\cos 2x}{x}$

(2) $\displaystyle\lim_{x\to\infty}\dfrac{(-1)^x}{x}$

 분수함수의 극한

다음 극한값을 구하여라.

(1) $\displaystyle\lim_{x \to 1} \frac{x^3 + x - 2}{x^2 - 1}$

(2) $\displaystyle\lim_{x \to 1} \frac{x^3 - 3x + 2}{x^2 - 2x + 1}$

$\dfrac{0}{0}$ 꼴의 극한 문제는 분모, 분자를 미분해서 대입하는 게 젤 빨라.

(1) $\dfrac{0}{0}$ 꼴이지? 그럼 분모, 분자를 미분해 봐.

$\dfrac{3x^2 + 1}{2x}$ 이지?

요기에 $x = 1$을 넣어 봐. 2이지?

그러니까 답은 바로 2야.

(2) $\dfrac{0}{0}$ 꼴이지? 그럼 분모, 분자를 미분해 봐.

$\dfrac{3x^2-3}{2x-2}$ 이지?

요기에 $x=1$을 넣어 봐.

어랏! 또 $\dfrac{0}{0}$ 꼴이네⋯

자 ~ 2차전 가자 ⋯

분모, 분자를 한번 더 미분해 봐.

$\dfrac{6x}{2}$ 이지? 이제 됐어!

요기에 $x=1$을 넣어 봐. 3이지?

답은 당근 3이야.

➕ *Note*

이 방법은 수학자 로피탈이 발견한 공식으로 흔히 로피탈의 정리라고 부른다. 이 방법은 분모, 분자를 각각 미분한 후 숫자를 대입하고, 다시 $\dfrac{0}{0}\left(\text{또는 } \dfrac{\infty}{\infty}\right)$ 꼴이 되면 또 분모, 분자를 미분한 후 숫자를 대입하는 것이다.

LM 06 **무리함수의 극한**

다음 극한값을 구하여라.

(1) $\displaystyle\lim_{x \to 0} \frac{x}{\sqrt{x+1}-1}$

(2) $\displaystyle\lim_{x \to 2} \frac{\sqrt{x+2}-2}{x-\sqrt{3x-2}}$

(1) 분모, 분자를 미분해 봐.

$$\frac{1}{\dfrac{1}{2\sqrt{x+1}}}$$ 이지?

요기에 $x=0$을 넣어 봐. 2이지? **그럼 답은 2야.**

(2) 분모, 분자를 미분해 봐.

$$\frac{\dfrac{1}{2\sqrt{x+2}}}{1-\dfrac{3}{2\sqrt{3x-2}}}$$ 이지?

요기에 $x=2$를 넣어 봐. 1이지? **그럼 답은 1이야.**

 **Note**

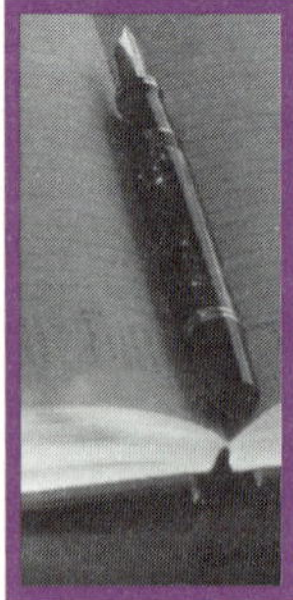

무리함수가 있을 땐 무리함수의 미분 공식을 쓰면 편리하다.

ㄱ. $(\sqrt{x}\,)' = \dfrac{1}{2\sqrt{x}}$

ㄴ. $(\sqrt{ax+b}\,)' = \dfrac{a}{2\sqrt{ax+b}}$

ㄷ. $(\sqrt{ax^2+b}\,)' = \dfrac{ax}{\sqrt{ax^2+b}}$

5 다음 극한값을 구하여라.

$$(1)\ \lim_{x \to 1} \frac{x^3 - 4x^2 + 5x - 2}{x^3 - x^2 - x + 1}$$

$$(2)\ \lim_{x \to 1} \frac{x^{10} - 2x + 1}{x - 1}$$

6 극한값 $\displaystyle\lim_{x \to 0} \frac{\sqrt{1+x} - 1}{x}$ 을 구하여라. 〔'99 수능〕

$$\lim_{x \to 0} \frac{f(x)}{x} = 7 \text{일 때, } P = \lim_{x \to 0} \frac{x^2 + f(x)}{x^2 - f(x)} \text{의 값을}$$

구하여라.

$\lim_{x \to 0} \dfrac{f(x)}{x} = 7$이니까 $f(0) = 0$이지?

글구 분모, 분자를 미분하면 $\dfrac{f'(x)}{1}$이구

요기에 $x = 0$을 넣으면 $f'(0) = 7$이야.

자~ 그럼 P를 구해 볼까?

분모, 분자를 미분해 봐.

$\dfrac{2x + f'(x)}{2x - f'(x)}$이지?

요기에 $x = 0$을 넣어 봐. -1이라구?

그럼 답은 -1이야.

7 다항함수 $f(x)$에 대하여 $\lim\limits_{x \to 1} \dfrac{8(x^4-1)}{(x^2-1)f(x)}=1$일 때, $f(1)$의 값을 구하여라. 〔'01 수능〕

8 $\lim\limits_{x \to 1} \dfrac{x^n-4x+3}{x-1}=6$일 때, n의 값을 구하여라.

음이 아닌 정수 n에 대하여

$H_n=\{(a,b,c)\,|\,a+b+c=n,\ a,b,c$는 음이 아닌 정수$\}$의 원소의 개수를 h_n이라 할 때, 다음은 $\displaystyle\sum_{a=0}^{\infty}\frac{1}{h_n}$의 값을 구하는 과정이다.

> a를 상수라 할 때, $b+c=n-a$를 만족하는 순서쌍 $(b,\,c)$는 $\boxed{\text{(가)}}$ 가지이므로
>
> $$h_n=\sum_{a=0}^{n}\boxed{\text{(가)}}=(n+1)^2-\frac{1}{2}n(n+1)$$
> $$=\frac{1}{2}(n+1)(n+2)$$
> $$\therefore \sum_{a=0}^{\infty}\frac{1}{h_n}=\sum_{a=0}^{\infty}\frac{2}{(n+1)(n+2)}=\boxed{\text{(나)}}$$

위의 (가), (나)에 알맞은 것을 차례대로 나열하면?

① $n+1,\ 1$ 　　② $n+1,\ 2$ 　　③ $n+a+1,\ 1$

④ $n+a+1,\ 2$ 　⑤ $n-a+1,\ 2$

$a+b+c=n$에서 $n=1,\ a=1$로 택해 봐.

그럼 $b=c=0$이니까 방법은 1가지이지?

그럼 보기에서 (가)$=1$이 되는 걸 찾아봐.

⑤라구?

그럼 ⑤가 답이야.

LM 09 무리함수의 극한

미분가능한 함수 $f(x)$가 $f(0)=a^2$, $f'(0)=b$를 만족할 때, 극한값 $\lim\limits_{x \to 0} \dfrac{\sqrt{f(x)}-a}{x}$ 는? (단, $a>0$)

① $\dfrac{b}{2a}$　　② $\dfrac{b}{a^2}$　　③ $\dfrac{b^2+b}{a^2}$

④ $\dfrac{b}{a^2+a}$　　⑤ $\dfrac{2b}{a^2+a}$

$f(0)=a^2$, $f'(0)=b$인 젤 간단한 함수 $f(x)$를 택해 봐.

$f(x)=bx+a^2$이지?

$\lim\limits_{x \to 0} \dfrac{\sqrt{bx+a^2}-a}{x}$에 $a=1$, $b=2$를 넣어 봐.

그라믄 $\lim\limits_{x \to 0} \dfrac{\sqrt{2x+1}-1}{x}=\left[\dfrac{2}{2\sqrt{2x+1}}\right]_{x=0}=1$이지?

보기에서 1이 되는 걸 찾아봐. 그럼 ①, ④가 정답 후보군.

자 ~ 2차전 가자 …

$\lim\limits_{x \to 0} \dfrac{\sqrt{bx+a^2}-a}{x}$에 $a=2$, $b=2$를 넣어 봐.

$\lim\limits_{x \to 0} \dfrac{\sqrt{2x+4}-2}{x}=\left[\dfrac{2}{2\sqrt{2x+4}}\right]_{x=0}=\dfrac{1}{2}$이니까

①, ④에서 $\dfrac{1}{2}$인 걸 찾아봐. ①이지?

그럼 답은 ①이야.

미분법

Ⅲ

미분법

1 극한

h가 0으로 갈 때의 극한을 구하는 문제는 h에 대한 함수로 보고 로피탈의 정리를 이용하면 쉽게 해결할 수 있다. 예를 들어

$$\lim_{h \to 0} \frac{f(a+bh) - f(a+ch)}{h}$$

의 극한값을 구할 때는 분모와 분자를 h에 대하여 미분한다. 이때, 분모는 1이 되니까 분자 부분의 미분계수만 구할 수 있으면 된다. 이 때, 다음 공식이 자주 쓰이게 된다.

$$\{f(a+bh)\}' = bf'(a+bh)$$

2 미분법

함수 $f(x) = x^n$을 미분하면 $(x^n)' = nx^{n-1}$이고 상수함수를 미분하면 0이 된다는 것을 기억한다. 미분가능한 두 함수 $f(x)$, $g(x)$의 곱의 미분 공식도 꼭 기억해 두자.

$$\{f(x)g(x)\}' = f'(x)g(x) + f(x)g'(x)$$

3 간단한 함수의 선택

$f(-x) = f(x)$인 함수에 관한 문제는 $f(-x) = f(x)$인 가장 간단한 함수를 택하여 문제를 해결해 보는 것도 좋은 방법이다. 이런

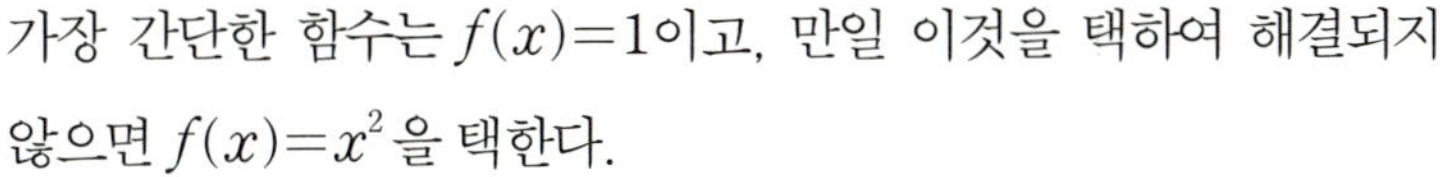

가장 간단한 함수는 $f(x)=1$이고, 만일 이것을 택하여 해결되지 않으면 $f(x)=x^2$을 택한다.

마찬가지로, $f(-x)=-f(x)$인 함수 문제는 $f(-x)=-f(x)$인 가장 간단한 함수를 택한다. 예를 들면, $f(x)=x$를 택하여 푸는 방법이 있다.

4 역함수 문제

비교적 역함수를 쉽게 알 수 있는 함수를 택하면 문제를 쉽게 풀 수 있다. 가장 역함수가 쉬워지는 경우로는 $f(x)=x$이다. 이 경우 역함수는 똑같이 $f^{-1}(x)=x$가 되기 때문이다. 또, $f(x)=ax$의 경우에도 역함수는 $f^{-1}(x)=\dfrac{1}{a}x$로 쉽게 얻어진다.

5 그래프 문제

삼차, 사차함수의 그래프와 관련된 문제에서 x축과의 교점의 x좌표가 α, β, γ로 주어지는 경우 가장 간단한 근 α, β, γ를 택하면 된다. 예를 들어, α, β, γ를 $0, 1, 2$로 택하거나 $1, 2, 3$으로 택하면 함수의 모양을 쉽게 결정할 수 있다. 이 때, 최고차항의 계수는 x가 무한대(∞)로 갈 때 $f(x)$가 양($+$)이나 음($-$)이냐에 따라 결정된다. 즉, x가 무한대(∞)로 갈 때 $f(x)$가 양($+$)이면 최고차항의 계수는 양($+$)이고, 음($-$)이면 최고차항의 계수는 음($-$)이 된다.

$f(1)=2$, $f'(1)=1$인 함수 $f(x)$에 대하여 다음 극한값을 구하여라.

(1) $\displaystyle\lim_{x \to 1} \frac{f(x)-f(1)}{x^2-1}$

(2) $\displaystyle\lim_{x \to 1} \frac{f(x^2)-f(1)}{x^2-1}$

(3) $\displaystyle\lim_{x \to 1} \frac{x^2 f(1)-f(x^2)}{x-1}$

(1) 분모, 분자를 x에 대하여 미분해 봐.

$\dfrac{f'(x)}{2x}$ 이지?

요기에 $x=1$을 넣어 봐.

그럼 $\dfrac{f'(1)}{2}=\dfrac{1}{2}$ 이지?

그러니까 $\dfrac{1}{2}$ 이 답이야.

(2) 분모, 분자를 x에 대하여 미분해 봐.

$$\frac{2xf'(x^2)}{2x}\text{이지?}$$

요걸 약분하면 $f'(x^2)$이자나.

요기에 $x=1$을 넣어 봐.

그럼 $f'(1)=1$이라구.

그러니까 1이 답이야.

(3) 분모, 분자를 x에 대하여 미분해 봐.

$$\frac{2xf(1)-2xf'(x^2)}{1}\text{이지?}$$

요기에 $x=1$을 넣어 봐.

그럼 $2f(1)-2f'(1)=2$이지?

그러니까 2가 답이야.

Note

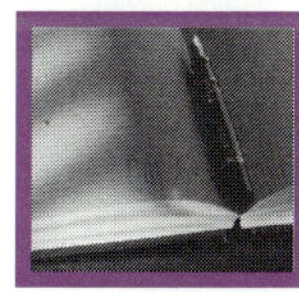

ㄱ. $\{f(x^2)\}' = f'(x^2) \times (x^2)' = 2xf'(x^2)$

ㄴ. $\{(x^2+1)^3\}' = 3(x^2+1)^2 \times (x^2+1)'$
$\qquad = 3(x^2+1)^2 \times 2x$

$f'(1)=3$일 때, 극한값

$$\lim_{h \to 0} \frac{f(1+3h)-f(1+2h)}{h}$$ 를 구하여라.

분모, 분자를 h에 대하여 미분해 봐.

$$\frac{3f'(1+3h)-2f'(1+2h)}{1}$$ 이지?

요기에 $h=0$을 넣어 봐.

그럼 $3f'(1)-2f'(1)=f'(1)=3$이야.

그러니까 답은 3이군.

➕ Note

h에 대하여 미분하면 $\{f(1+ah)\}'=af'(1+ah)$

gimmyoung math

1 $f(1)=2,\ f'(1)=1$인 함수 $f(x)$에 대하여 다음 극한값을 구하여라.

   (1) $\displaystyle\lim_{x\to1}\frac{x^3-1}{f(x)-f(1)}$

   (2) $\displaystyle\lim_{x\to1}\frac{\{f(x)\}^2-4}{x-1}$

2 $f'(1)=1$인 함수 $f(x)$에 대하여 다음 극한값을 구하여라.

   (1) $\displaystyle\lim_{h\to0}\frac{f(1+3h)-f(1-2h)}{h}$

   (2) $\displaystyle\lim_{h\to0}\frac{f(1+h^2)-f(1)}{h}$

극한값 $\displaystyle\lim_{x\to\infty} x\left\{f\left(a+\dfrac{b}{x}\right)-f\left(a-\dfrac{b}{x}\right)\right\}$ 는?

(단, a,b는 상수, $b\neq0$)

① $\dfrac{1}{b}f'(a)$ ② 0 ③ $f'(a)$

④ $bf'(a)$ ⑤ $2bf'(a)$

$f(x)=x$로 택해 봐.

그럼 $f'(x)=1$이구

$$x\left\{f\left(a+\dfrac{b}{x}\right)-f\left(a-\dfrac{b}{x}\right)\right\}=x\left\{\left(a+\dfrac{b}{x}\right)-\left(a-\dfrac{b}{x}\right)\right\}$$

$$=x\cdot\dfrac{2b}{x}=2b\,\text{이지?}$$

요기에 $\displaystyle\lim_{x\to\infty}$ 를 때려 봐.

그대로 $2b$이지? 자~ 그럼 보기에서 $2b$인 걸 찾아봐.

⑤에서 $f'(a)=1$이니까 $2bf'(a)=2b$라구.

답은 당근 ⑤자나.

3 미분가능한 함수 $f(x)$가 임의의 실수에 대하여 $f(2x)=4f(x)$를 만족한다. $f'(1)=3$일 때, $f'(4)$의 값을 구하여라.

4 미분가능한 함수 $f(x)$에 대하여 $f(-x)=f(x)$일 때, 다음 중 $f'(-a)$와 같은 것은? (단, a는 상수, $f'(a)\neq0$)

① $-f'(a)$　　　② $\dfrac{1}{f'(a)}$　　　③ $f'(a)$

④ 0　　　⑤ $-\dfrac{1}{f'(a)}$

> 미분가능한 함수 $f(x)$가
> $f(x+y)=f(x)+f(y)+2xy$, $f'(0)=0$을 만족할
> 때, $f'(1)$의 값을 구하여라. (단, x, y는 실수)

$y=1$을 넣어 봐.

$f(x+1)=f(x)+f(1)+2x$이지?

요걸 x에 대해 미분해 봐.

$f'(x+1)=f'(x)+2$이지?

요기에 $x=0$을 넣어 봐.

그럼 $f'(1)=f'(0)+2=0+2=2$라구.

그러니까 답은 2야.

또 다른 방법으로 풀 수도 있지?

$f(x)$를 젤 간단한 함수로 택해 보라구.

$f(x)=x^2$ 이라구 해 봐.

$f(x+y)=f(x)+f(y)+2xy$를 만족하지?

글구 $f'(x)=2x$이니까 $f'(0)=0$도 만족하지?

그럼 $f'(1)$을 구해 봐. 2이지?

그러니까 답은 20야.

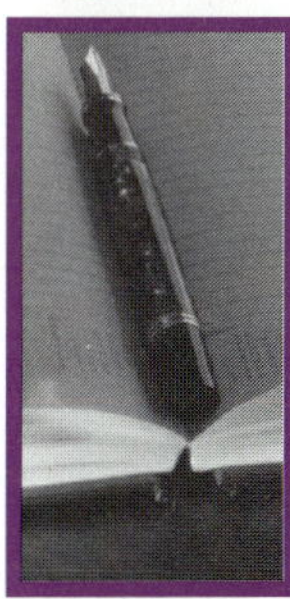

$f(x+y)=f(x)+f(y)+2xy$인 가장 간단한 함수를 택하면 $f(x)=x^2$ 이다.

다음의 각 경우에 택할 수 있는 함수를 기억해 두자.

ㄱ. $f(x+y)=f(x)+f(y) \Rightarrow f(x)=x$

ㄴ. $f(xy)=f(x)+f(y) \Rightarrow f(x)=\ln x$

ㄷ. $f(x)f(y)=f(x+y) \Rightarrow f(x)=2^x$

ㄹ. $f(x+y)=f(x)+f(y)+a \Rightarrow f(x)=x-a$

다음은 $x>0$에서 미분가능한 함수 $f(x)$가
$f(xy)=f(x)+f(y)$, $f'(1)=3$을 만족할 때, $f'(5)$
의 값을 구하는 과정이다.

> $f(1)=$ 보기(가) 이고
>
> $$f'(5)=\lim_{x\to 5}\frac{f(x)-f(5)}{x-5}$$
>
> $$=\lim_{x\to 5}\frac{f\left(5\cdot\dfrac{x}{5}\right)-f(5)}{x-5}$$
>
> $$=\lim_{x\to 5}\frac{\boxed{(나)}}{x-5}=\lim_{x\to 5}\frac{\boxed{(나)}-f(1)}{x-5}$$
>
> 이므로 $f'(5)=$ 보기(다) 이다.

위의 (가), (나), (다)에 알맞은 것을 차례대로 나열하면?

① $0,\ f\left(\dfrac{x}{5}\right),\ \dfrac{3}{5}$ ② $0,\ f(5x),\ 15$

③ $1,\ f(x),\ 3$ ④ $0,\ f\left(\dfrac{x}{5}\right),\ 15$

⑤ $1,\ f(x),\ \dfrac{3}{5}$

로그함수 중에서 $f'(1)=3$인 걸 찾아봐.

$f(x)=3\ln x$라구 해 봐.

$f'(x)=\dfrac{3}{x}$이니까 $f'(1)=3$이자나. 만족하지?

그럼 $f(x)=3\ln x$에서 생각하자구.

$f(1)=3\ln 1=0$이니까 (가)$=0$이지?

보기에서 (가)$=0$인 걸 찾아봐.

그럼 ①, ②, ④가 정답 후보군.

 ▌ **자~ 2차전 가자…**

$$\lim_{x\to 5}\frac{f(x)-f(5)}{x-5}=\lim_{x\to 5}\frac{\boxed{\text{(나)}}}{x-5}\ \text{에서}$$

(나)$=3\ln x-3\ln 5=3\ln\dfrac{x}{5}=f\!\left(\dfrac{x}{5}\right)$이니까

①, ④가 정답 후보야.

 ▌ **에구구~ 3차전 가야겠군!**

$f'(5)=\boxed{\text{(다)}}$이니까 (다)$=\dfrac{3}{5}$이지?

답은 당근 ①이야.

 Note

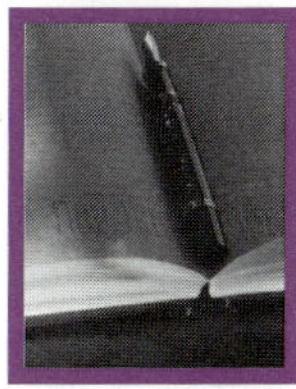

무리수 e를 밑으로 하는 로그 $\log_e x$를 간단히 $\ln x$로 나타낸다. 이 문제는 미분과 적분의 미분법에 나오는 $(\ln x)'=\dfrac{1}{x}$을 이용한 풀이이다.

미분가능한 함수 $f(x)$가

$$f(x+y)=f(x)+f(y)+2xy(x+y)+1,\ f'(0)=1$$

을 만족할 때, $f'(a)$의 값은?

① a^2+1 ② $2a^2+1$ ③ $3a^2+1$

④ $4a^2+1$ ⑤ $5a^2+1$

$f(x+y)=f(x)+f(y)+2xy(x+y)+1$에 $y=1$을 넣어 봐.

$f(x+1)=f(x)+f(1)+2x^2+2x+1$이지?

요걸 x에 대해 미분해 봐.

$f'(x+1)=f'(x)+4x+2$이자나.

요기에 $x=0$을 넣어 봐.

그러면 $f'(1)=f'(0)+2=1+2=3$이라구.

그러니까 $a=1$이면 $f'(a)=f'(1)=3$이자나.

보기에서 3이 나오는 걸 찾아봐. ②이지?

그러니까 ②가 답이야.

5 미분가능한 함수 $f(x)$가 $f(x+y)=f(x)+f(y)$를 만족할 때, 다음 중 옳은 것을 모두 골라라. (단, x, y는 실수)

> ㄱ. $f(0)=0$
>
> ㄴ. 임의의 실수 a에 대하여 $f(-a)=f(a)$
>
> ㄷ. 임의의 실수 a에 대하여 $f'(a)=f(0)$

6 미분가능한 함수 $f(x)$에 대하여 $f(a-x)=f(a+x)$일 때, 다음 중 $f'(0)$의 값과 같은 것은? (단, a는 상수)

① $-f'(2a)$ ② $-f'(a)$ ③ $f'(-a)$

④ $-f'(-2a)$ ⑤ $f'(a)$

이차함수 $f(x)=ax^2+bx+c$에서 x가 p에서 q까지 변할 때의 평균변화율이 a에서의 미분계수 $f'(a)$와 같을 때, a의 값은? (단, a, b, c는 상수)

① $q-p$

② $\dfrac{2pq}{p+q}$

③ $\dfrac{p+q}{2}$

④ $\sqrt{pq}$

⑤ $\sqrt{p+q}$

$a=1, b=c=0$을 택해 봐.

$f(x)=x^2$이지? 그러니까 $f'(x)=2x$이자나.

또, $p=0, q=1$을 택해 봐.

x가 0에서 1까지 변할 때의 평균변화율은

$\dfrac{f(1)-f(0)}{1-0}=1$이라구.

근데 $f'(a)=2a$이니까

$2a=1$에서 $a=\dfrac{1}{2}$이야.

보기에 $p=0, q=1$을 넣어 $\dfrac{1}{2}$인 걸 찾아봐. ③이지?

그러니까 답은 ③이야.

DF 08 역함수의 미분

$y=f(x)$의 역함수를 $y=g(x)$라고 하자. $f(a)=b$일 때, 다음 중 $g'(b)$와 같은 것은?

① $\dfrac{1}{g(a)}$　　　② $g'(a)$　　　③ $f'(a)$

④ $-\dfrac{1}{f'(a)}$　　　⑤ $-f'(a)$

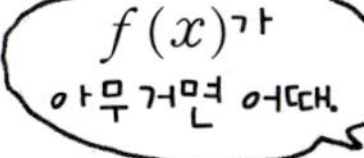

먼저 $f(x)=2x$로 택해 봐.

그럼 역함수는 $g(x)=\dfrac{1}{2}x$이지?

근데 $f'(x)=2$이구 $g'(x)=\dfrac{1}{2}$이자나.

보기에서 $\dfrac{1}{2}$이 되는 걸 찾아봐.

그럼 ②, ④가 정답 후보군.

자~ 2차전 가자…

요번엔 $f(x)=x^2$으로 택해 봐.

그럼 역함수는 $g(x)=\sqrt{x}$이구, $f'(x)=2x$, $g'(x)=\dfrac{1}{2\sqrt{x}}$이자나.

또, $a=2$, $b=4$를 택해 봐. $f(a)=b$를 만족하지?

요 때, $g'(4)=\dfrac{1}{4}$이니까 **답은 ④야.**

다음은 미분가능한 함수 $f(x)$가 모든 실수 x에 대하여 $f(-x)=-f(x)$를 만족할 때, $f'(-x)$를 구하는 과정이다.

$$
\begin{aligned}
f'(-x) &= \lim_{h \to 0} \frac{f(-x+h)-f(-x)}{h} \\
&= \lim_{h \to 0} \frac{\boxed{(가)}+f(x)}{h} \\
&= \lim_{h \to 0} \frac{f(x-h)-f(x)}{\boxed{(나)}} \\
&= \boxed{(다)}
\end{aligned}
$$

위의 (가), (나), (다)에 알맞은 것을 차례대로 나열하면?

① $f(x-h),\, h,\, f'(x)$

② $f(x-h),\, -h,\, -f'(x)$

③ $-f(x-h),\, h,\, f'(x)$

④ $-f(x-h),\, -h,\, f'(x)$

⑤ $-f(x-h),\, -h,\, -f'(x)$

$f(-x)=-f(x)$인 젤 간단한 $f(x)$를 택해 봐.

$f(x)=x$ 어때? 조치?

$$\lim_{h \to 0} \frac{f(-x+h)-f(-x)}{h} = \lim_{h \to 0} \frac{\boxed{(가)}+f(x)}{h}\text{에서}$$

$$\lim_{h \to 0} \frac{(-x+h)-(-x)}{h} = \lim_{h \to 0} \frac{\boxed{(가)}+x}{h}\text{이니까}$$

$(가)=-x+h=-f(x-h)$이자나.

그럼 ③, ④, ⑤가 정답 후보군.

 **자~ 2차전 가자…**

요번엔 $\lim\limits_{h \to 0} \dfrac{\boxed{(가)}+f(x)}{h} = \lim\limits_{h \to 0} \dfrac{f(x-h)-f(x)}{\boxed{(나)}}$에서

$$\lim_{h \to 0} \frac{-x+h+x}{h} = \lim_{h \to 0} \frac{(x-h)-x}{\boxed{(나)}}\text{이니까}$$

$(나)=-h$이자나.

그럼 ④, ⑤가 정답 후보야.

 **에구구~ 3차전으로!!**

근데 $f(x)=x$이면 $f'(x)=1$이니까

$f'(-x)=f'(x)=1$이거든.

그럼 $(다)=1$이군.

그러니까 답은 ④야.

다항함수 $f(x)$, $g(x)$가 임의의 실수 x에 대하여 $f(-x)=f(x)$, $g(-x)=-g(x)$를 만족한다고 하자. $h(x)=f(x)g(x)$라 할 때, 다음 중 함수 $h(x)$의 $-a$에서의 미분계수 $h'(-a)$의 값과 같은 것은?

(단, $h'(-a)\neq 0$)

① $h'(a)$　　② $-h'(a)$　　③ $\dfrac{1}{h(a)}$

④ $-\dfrac{1}{h'(a)}$　　⑤ $2h(a)$

자～ $f(x)=1$, $g(x)=x$를 택해 봐. 그럼 $h(x)=x$이니까 $h'(x)=1$이자나.

그럼 $h'(-a)=1$이니까 보기에서 1이 되는 걸 찾아봐.

①이지? **그럼 ①이 답이야.**

 Note

$f(-x)=f(x)$인 간단한 함수로는 1, x^2, x^4, $\cdots$ 등이 있다.

DF 11 평균값의 정리

함수 $f(x)=x^2+ax+b$일 때, 0이 아닌 상수 h에 대하여 $f(x+h)=f(x)+h \cdot f'(x+\theta h)$를 만족하는 상수 θ의 값은?

① 1 ② $\dfrac{1}{2}$ ③ $\dfrac{1}{3}$

④ $\dfrac{1}{4}$ ⑤ $\dfrac{1}{5}$

$a=b=0$이라구 해 봐. 그럼 $f(x)=x^2$이지?

$f(x+h)=f(x)+h \cdot f'(x+\theta h)$에서

$(x+h)^2=x^2+h \cdot 2(x+\theta h)$이구

정리하면 $(x+h)^2=x^2+2hx+2\theta h^2$이자나.

그러니까 $\theta=\dfrac{1}{2}$이지? **그럼 답은 ②야.**

➕ Note

주어진 함수가 상수 a, b의 값에 관계없이 성립하므로 이 문제에서는 a, b를 임의로 택할 수 있다.

삼차함수 $y=f(x)$가 서로 다른 세 실수 a, b, c에 대하여 $f(a)=f(b)=0$, $f'(a)=f'(c)=0$을 만족한다. 이 때, c를 a, b로 나타내면? ['01 수능]

① $a+b$ ② $\dfrac{a+b}{2}$ ③ $\dfrac{a+b}{3}$

④ $\dfrac{a+2b}{3}$ ⑤ $\dfrac{2a+b}{3}$

$a=0$, $c=1$을 택해 보라구.

글구 $f'(a)=f'(c)=0$인 젤 간단한 $f'(x)$를 잡아 봐.

그러니까 $f'(x)=x(x-1)$이라구 해 봐.

그라믄…

$f(x)=\dfrac{x^3}{3}-\dfrac{x^2}{2}+C$이지?

$f(a)=0$이니까 $C=0$이야.

$f(x)=\dfrac{x^2}{6}(2x-3)$이지?

그럼 $f(x)=0$인 x는 0 또는 $\dfrac{3}{2}$이니까

$b=\dfrac{3}{2}$이지?

그럼 보기에 $a=0$, $b=\dfrac{3}{2}$을 넣어 1이 되는 걸 찾아봐.

④이지?

그러니까 답은 ④야.

DF 13 미분가능한 두 함수

미분가능한 두 함수 $f(x)$, $g(x)$가 다음 두 조건을 모두 만족한다.

> (A) $f(0)=g(0)$
>
> (B) 모든 실수 x에 대하여 $f'(x)<g'(x)$

이 때, 다음 중 옳은 것은?

① $f(-3)<g(-3)$　　② $f(-1)<g(-1)$

③ $f(1)>g(1)$　　④ $f(3)<g(3)$

⑤ $f(-2)>g(1)$

$f(x)=x$, $g(x)=2x$라구 해 봐.

그럼 $f'(x)=1$, $g'(x)=2$이니까 $f'(x)<g'(x)$이지?

그럼 주어진 두 조건을 만족하자나.

④를 볼래? $f(3)=3$이구 $g(3)=6$이니까 맞지?

그러니까 답은 ④야.

사차함수 $f(x)$의 그래프가 오른쪽 그림과 같이 $x=a_1,\ a_2,\ a_3,\ a_4$에서 x축과 만나고 $x=b_1,\ b_2,\ b_3$에서 극값을 가진다. $A=a_1+a_2+a_3+a_4$, $B=b_1+b_2+b_3$라고 할 때, 다음 중 옳은 것은?

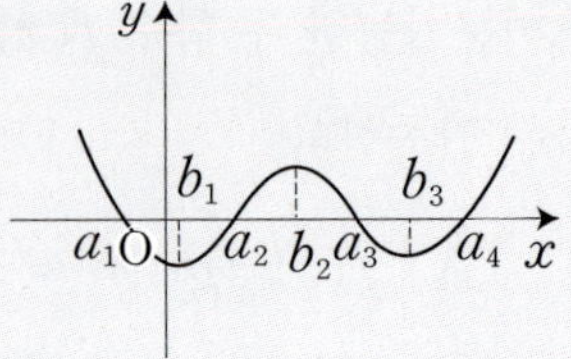

① $4A=3B$ 　② $3A=4B$ 　③ $3A=2B$

④ $2A=3B$ 　⑤ $A=B$

$b_1=0,\ b_2=1,\ b_3=2$라구 해 봐.

그럼 $f'(x)=x(x-1)(x-2)=x^3-3x^2+2x$로 생각하면 되지?

그럼 $f(x)=\dfrac{1}{4}x^4-x^3+x^2+C$이자나.

요 때 $C=0$을 택하면 $f(x)=\dfrac{1}{4}x^2(x-2)^2$이니까

$a_1=a_2=0,\ a_3=a_4=2$가 되자나.

그럼 $A=0+0+2+2=4,\ B=0+1+2=3$이지?

그러니까 ②가 답이야.

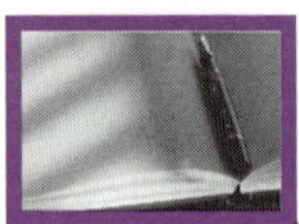

x축과의 교점 중 하나는 원점으로 택하면 쉽다.

DF 15 극대 · 극소

삼차함수 $y=ax^3+bx^2+cx+d$ 의 그래프가 오른쪽 그림과 같을 때, 다음 중 옳은 것을 모두 고른 것은? (단, $0<\alpha<\beta$)

| ㄱ. $b>0$ | ㄴ. $c>0$ | ㄷ. $b^2-3ac>0$ |

① ㄱ 　　② ㄴ 　　③ ㄷ

④ ㄱ, ㄴ 　　⑤ ㄴ, ㄷ

$y=ax^3+bx^2+cx+d$ 를 젤루 간단한 함수로 택해 보자구.

$y=x(x-1)(x-2)=x^3-3x^2+2x$ 라구 해 봐.

$a=1, b=-3, c=2, d=0$ 이니까 ㄴ, ㄷ이 맞지?

그러니까 답은 ⑤야.

➕ *Note*

교점의 좌표가 간단해지도록 함수를 택하면 전개하기가 쉬워진다.

사차함수

$f(x) = ax^4 + bx^3 + cx^2$

$+ dx + e$의 그래프가

오른쪽 그림과 같을 때,

a, b, c, d, e 중 그 값이 음수인 것은?

① a, b　　　② b, c　　　③ b, d

④ c, d　　　⑤ a, e

$f(x) = ax^4 + bx^3 + cx^2 + dx + e$를 간단한 함수로 택해 보자구.

$f(x) = x(x-1)(x-2)(x-3)$이라구 해 봐.

전개하면 $f(x) = x^4 - 6x^3 + 11x^2 - 6x + 0$이니까

$a = 1, b = -6, c = 11, d = -6, e = 0$이지?

그럼 b, d만 음이자나. **그러니까 답은 ③이야.**

 *Note*

$f(x)$의 최고차항이 양$(+)$이면 $x \to \infty$일 때 $f(x) \to \infty$
이고, $f(x)$의 최고차항이 음$(-)$이면 $x \to \infty$일 때
$f(x) \to -\infty$이다.

DF 17 삼차함수의 미분

삼차함수 $f(x)=x^3+ax^2+bx+c$가 서로 다른 세 실수 α, β, γ에 대하여 $f(\alpha)=f(\beta)=f(\gamma)$를 만족할 때, $f'(\alpha)+f'(\beta)+f'(\gamma)$의 값은?

① $\alpha\beta+\beta\gamma+\gamma\alpha$

② $2(\alpha+\beta+\gamma)$

③ $\alpha^2+\beta^2+\gamma^2-(\alpha+\beta+\gamma)$

④ $\alpha^2+\beta^2+\gamma^2-2\alpha\beta\gamma$

⑤ $\alpha^2+\beta^2+\gamma^2-(\alpha\beta+\beta\gamma+\gamma\alpha)$

$\alpha=0$, $\beta=1$, $\gamma=2$를 택해 봐.

그럼 $f(x)=x(x-1)(x-2)=x^3-3x^2+2x$이지?

미분하면 $f'(x)=3x^2-6x+2$이자나.

그라믄 $f'(\alpha)+f'(\beta)+f'(\gamma)=f'(0)+f'(1)+f'(2)$
$$=2+(-1)+2=3$$

그럼 보기에 $\alpha=0$, $\beta=1$, $\gamma=2$를 넣어 3인 걸 찾아봐. ⑤이지?

그럼 ⑤가 답이야.

서로 다른 세 실수 a, b, c에 대하여

$f(x)=(x-a)(x-b)(x-c)$로 정의할 때,

$\dfrac{a}{f'(a)}+\dfrac{b}{f'(b)}+\dfrac{c}{f'(c)}$ 의 값은?

① 0   ② $a+b+c$ ③ abc

④ $2(a+b+c)$ ⑤ $ab+bc+ca$

$a=1, b=2, c=3$을 택해 봐.

그럼 $f(x)=(x-1)(x-2)(x-3)$이니까

$f'(x)=(x-1)(x-2)+(x-2)(x-3)+(x-3)(x-1)$이지?

요 때 $f'(1)=2, f'(2)=-1, f'(3)=2$이니까

$\dfrac{a}{f'(a)}+\dfrac{b}{f'(b)}+\dfrac{c}{f'(c)}=\dfrac{1}{2}+\dfrac{2}{-1}+\dfrac{3}{2}=0$이라구.

그러니까 답은 ①이야.

 *Note*

다음 공식을 기억하자.
$$\{f(x)g(x)h(x)\}'=f'(x)g(x)h(x)+f(x)g'(x)h(x)$$
$$+f(x)g(x)h'(x)$$

7 두 다항함수 $f(x)$, $g(x)$가

$$\lim_{x \to 3} \frac{f(x)-2}{x-3}=1, \quad \lim_{x \to 3} \frac{g(x)-1}{x-3}=2$$

를 만족할 때, 함수 $f(x)g(x)$의 $x=3$에서의 미분계수를 구하여라. 〔'00 수능〕

8 삼차함수 $y=f(x)$의 그래프가 $x=a$에서 x축에 접하고 $x=b$에서 x축과 만난다. $x=a$ 이외에서 삼차함수 $f(x)$가 극값을 갖게 되도록 x의 값을 정하면? (단, $a \neq b$)

① $a+b$ ② $\dfrac{a+b}{2}$ ③ $\dfrac{a+2b}{3}$

④ $\dfrac{2a+b}{3}$ ⑤ $\dfrac{3a+b}{4}$

다음은 미분가능한 함수 $y=f(x)$에 대하여 n이 자연수일 때, $y=\{f(x)\}^n$의 도함수가 $y'=n\{f(x)\}^{n-1}f'(x)$임을 증명한 것이다.

> (i) $n=1$일 때 성립한다.
>
> (ii) $n=k(k$는 자연수$)$일 때 성립한다고 가정하면
> $$y=\{f(x)\}^{k+1}$$일 때,
> $$y'=[\{f(x)\}^k f(x)]'$$
> $$=[\{f(x)\}^k]'f(x)+\{f(x)\}^k \cdot \boxed{(가)}$$
> $$=\boxed{(나)} \cdot f(x)+\{f(x)\}^k \cdot \boxed{(가)}$$
> $$=\boxed{(다)} \{f(x)\}^k \cdot f'(x)$$
> 그러므로 $n=k+1$일 때도 성립한다.
>
> 따라서, 모든 자연수 n에 대하여 성립한다.

위의 (가), (나), (다)에 알맞은 것을 차례대로 나열하면?

① $f(x), k\{f(x)\}^{k-1}\cdot f'(x), k$

② $f'(x), k\{f(x)\}^{k-1}\cdot f'(x), k+1$

③ $f'(x), k\{f(x)\}^{k-1}\cdot f'(x), k$

④ $f'(x), k\{f(x)\}^{k}\cdot f'(x), k+1$

⑤ $f(x), k\{f(x)\}^{k}\cdot f'(x), k$

$f(x)=x$로 택해 봐.

글구 $y' = [\,\{f(x)\}^k\,]' f(x) + \{f(x)\}^k \cdot \boxed{(가)}$

에 $k=1$을 넣어 봐.

그럼 $y=\{f(x)\}^{k+1}=x^2$ 이니까…

$y'=2x=x' \cdot x + x \cdot \boxed{(가)}$ 에서 (가)$=1$이지?

보기에서 (가)$=1$인 걸 찾아봐.

그럼 ②, ③, ④가 정답 후보군.

자~ 2차전 가자…

$y' = \boxed{(나)} \cdot f(x) + \{f(x)\}^k \cdot \boxed{(가)}$

에서 $k=1$이면 $2x = \boxed{(나)} \cdot x + x \cdot \boxed{(가)}$ 이니까

(나)$=1$이자나!

②, ③, ④에서 (나)$=1$인 걸 찾아봐.

그럼 ②, ③이 정답 후보야.

에구구~ 3차전 가야겠군!

$y' = \boxed{(다)}\, \{f(x)\}^k \cdot f'(x)$

에서 $k=1$이면 $2x = \boxed{(다)}\, x \cdot x'$ 이니까 (다)$=2$이지?

그럼 ②, ③에 $k=1$을 넣어 봐.

(다)$=2$인 걸 찾아보라구. ②이지?

그럼 답은 ②야.

다음은 임의의 실수 x, y에 대하여

$$f\left(\frac{x+y}{2}\right)=\frac{f(x)+f(y)}{2}$$

를 만족하는 함수 $f(x)$는 일차함수임을 증명한 것이다.

> 주어진 식으로부터
>
> $$\boxed{(가)}=\frac{f(2x)+f(2h)}{2},\quad\boxed{(나)}=\frac{f(2x)+f(0)}{2}$$
>
> 변끼리 빼면
>
> $$\boxed{(가)}-\boxed{(나)}=\frac{f(2h)-f(0)}{2}\ \text{이므로}$$
>
> $$f'(x)=\boxed{(다)}$$
>
> 따라서, $f(x)$는 일차함수이다.

위의 (가), (나), (다)에 알맞은 것을 차례대로 나열하면?

① $f(x+h),\ f(x-h),\ f'(0)$

② $f(x-h),\ f(x),\ \dfrac{1}{2}f'(0)$

③ $f(x-h),\ f(x+h),\ f'(0)$

④ $f(x+h),\ f(x),\ \dfrac{1}{2}f'(0)$

⑤ $f(x+h),\ f(x),\ f'(0)$

$f(x)=x$라구 하면 주어진 식을 만족하지? 그럼 그거 갖구 놀아.

$$\boxed{(가)} = \frac{f(2x)+f(2h)}{2}$$ 에서 (가)$=x+h$이지?

그럼 ①, ④, ⑤가 정답 후보야.

자~ 2차전 가자 …

$$\boxed{(나)} = \frac{f(2x)+f(0)}{2}$$ 에서 (나)$=x$이지?

그럼 ①은 탈락이군.

에구구~ 3차전 가야겠군!

$f'(x)=\boxed{(다)}$ 에서 (다)$=1$이지?

④도 탈락이군.

그러니까 답은 ⑤야.

+Note

임의의 함수에 대하여 성립하는 증명 문제 유형이다. 이런 경우는 망설일 필요없이 가장 간단한 함수를 택하는 것이 시간을 버는 일이다.

다음은 $a>0$, $b>0$이고 n이 2 이상의 자연수일 때,
부등식 $(n-1)a^n+b^n \geq na^{n-1}b$임을 증명한 것이다.

$f(a)=(n-1)a^n+b^n-na^{n-1}b$로 놓으면

$f'(a)=$ □(가)

따라서, $a=$ □(나) 일 때, 극소이면서 최소이고

최소값은 $f($ □(나) $)=$ □(다)

$\therefore (n-1)a^n+b^n \geq na^{n-1}b$

위의 (가), (나), (다)에 알맞은 것을 차례대로 나열하면?

① $n(n-1)a^{n-2}(a-b),\ 0,\ 0$

② $n(n-1)a^{n-2}(a-b),\ b,\ 0$

③ $n(n-1)a^{n-2}(a-b),\ b,\ 1$

④ $n(n-1)a^{n-1}(a-b),\ 0,\ 0$

⑤ $n(n-1)a^{n-1}(a-b),\ b,\ 0$

$n=2$, $b=1$이라구 해 봐.

그럼 $f(a)=a^2-2a+1$이지?

그럼 $f'(a)=\boxed{(가)}=2a-2$이자나.

보기에서 (가)$=2a-2$인 걸 찾아봐.

①, ②, ③이 정답 후보군.

자~ 2차전 가자…

$f(a)=a^2-2a+1=(a-1)^2$이니까

$f(a)$는 $a=1$에서 극소이지?

그럼 (나)$=1$이자나.

$b=1$이니까 ①은 탈락이군.

에구구~ 3차전 가야겠군!

$a=1$일 때 $f(a)=0$이니까

(다)$=0$이지? ③은 탈락.

그러니까 답은 ②야.

$f(x)=a(x-p)^2$에서 $a>0$이면 $x=p$에서 극소값을 갖고 $a<0$이면 $x=p$에서 극대값을 갖는다.

두 함수 $f(x)=2^{n-1}(x^n+1)+a$, $g(x)=(x+1)^n$ 가 있다. $x>0$인 모든 실수 x에 대하여 $f(x)>g(x)$ 가 성립하도록 하는 실수 a의 값의 범위는?

(단, n은 2 이상의 자연수)

① $a>0$　　② $a\geqq0$　　③ $a>1$

④ $a\geqq1$　　⑤ $a>2$

모든 실수에 대해 성립하니까 간단한 x를 넣으면 돼.

$x=1$을 넣어 봐.

그럼 $f(x)=2^n+a$이구 $g(x)=2^n$이자나.

글구 $f(x)>g(x)$이니까 $2^n+a>2^n$에서 $a>0$이 되는 거야.

그러니까 답은 ①이야.

Note

모든 실수 x에 대하여 성립하니까 x를 간단한 값으로 선택할 수 있다.

DF 23 부등식과 미분

$x>0$일 때, $A=x^3-x^2+1$, $B=2x^2-3$의 대소를 비교하여라.

$x=3$을 넣어 봐.

$A=27-9+1=19$이구, $B=18-3=15$이지?

그럼 $19>15$이자나.

그러니까 $A>B$가 답이야.

$x>0$인 아무 x의 값이나 택하면 된다. 그러나 이왕이면 간단한 값을 택하는 것이 좋다.

오른쪽 그림은 미분가능한 함수 $y=f(x)$와 $y=x$의 그래프이다. $0<a<b$일 때, 다음 중 옳은 것을 모두 고른 것은? 〔'96 수능〕

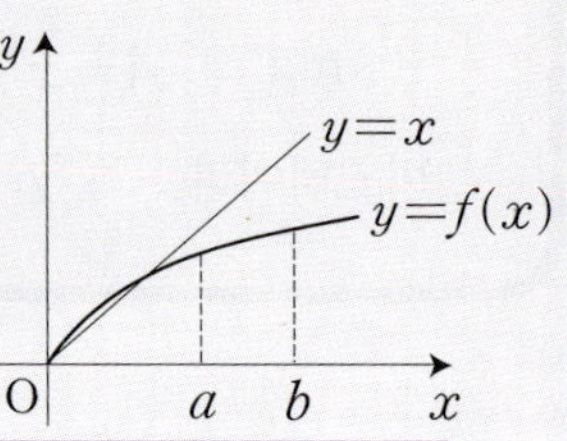

> ㄱ. $\dfrac{f(a)}{a}<\dfrac{f(b)}{b}$
>
> ㄴ. $f(b)-f(a)>b-a$
>
> ㄷ. $f'(a)>f'(b)$

① ㄱ　　　② ㄴ　　　③ ㄷ

④ ㄱ, ㄴ　　　⑤ ㄴ, ㄷ

$f(x)=\sqrt{x}$로 택해 봐.
글구 $a=1$, $b=4$를 넣어 봐.
그럼 ㄷ만 맞지?
그러니까 답은 ③이야.

✚ Note

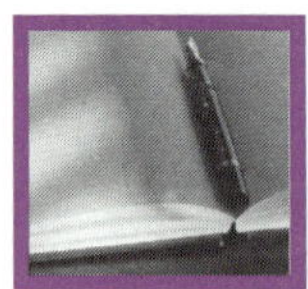

$a=1, b=4$를 택한 이유는 $\sqrt{1}=1$, $\sqrt{4}=2$이어서 $\sqrt{\ }$ 가 쉽게 벗겨지기 때문이다.

9 다항함수 $f(x)$가 모든 실수 x에 대하여 $f(x)+xf'(x)<0$ 를 만족할 때, 다음 중 옳은 것은?

① $f(x)<0$이면 $x\leqq0$이다.

② $f(x)=0$인 x가 존재한다.

③ $f(x)>0$인 x가 존재한다.

④ 모든 실수 x에 대하여 $f(x)<0$이다.

⑤ $x<0$일 때, $f(x)<0$이면 $x>0$일 때, $f(x)>0$이다.

10 삼차함수 $y=f(x)$의 도함수 $f'(x)$의 그래프가 오른쪽 그림과 같을 때, $f(x)=0$이 서로 다른 세 실근을 가질 조건은?

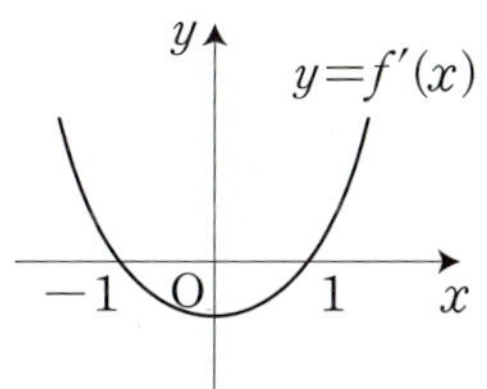

① $f(0)<0$ ② $f(0)>0$

③ $f(-1)f(1)<0$ ④ $f(-1)f(1)>0$

⑤ $f(-1)+f(1)<0$

IV 적분법

적분법

1 미분의 역연산(＝적분)

적분이 미분의 역연산이라는 것을 이용하여 문제를 푸는 방법도 있다. 그러나 이 방법은 도저히 적분을 어떻게 하는지 모를 때 사용하는 방법으로 공식은 다음과 같다.

$$\frac{d}{dx}\int f(x)\,dx=f(x)$$

물론 이 방법은 부정적분 문제일 때에만 사용가능하다.

이 때, 주어진 문제의 미분과 보기의 미분을 비교하며, 또한 적당한 x의 값을 선택해야 옳은 것을 찾을 수 있다.

2 간단한 함수의 선택

적분을 하고자 하는 함수가 구체적으로 나타나 있지 않고 적분의 성질 중 옳은 것을 찾는 유형의 경우는 가능한 한 간단한 함수를 선택하여 양변을 비교하는 방법을 사용할 수 있다.

또한 적분을 하고자 하는 함수가 다른 미지수를 포함하고 있는 경우는 미지수를 간단한 값으로 택하여 문제를 풀 수도 있다.

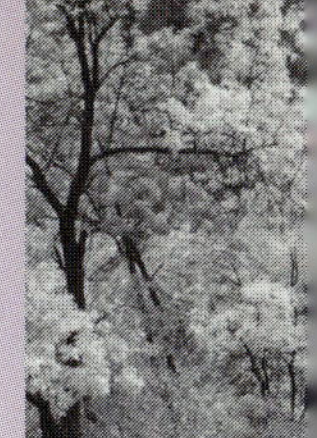

3 적분법

꼭 기억해야 할 적분 공식으로는 다음과 같은 것이 있다.

$$\int dx = x + C \ (\text{단}, C \text{는 적분상수})$$

$$\int x^n dx = \frac{x^{n+1}}{n+1} + C \ (\text{단}, n \neq -1, C \text{는 적분상수})$$

4 구분구적법

구분구적법 문제는 주어진 구간을 적게 나누어 풀 수도 있다.
이 때, 포함된 사각형의 넓이의 합을 조심스럽게 계산하면 원하는
답을 쉽게 얻을 수 있다.

5 넓이와 부피

적분의 응용 중 넓이나 회전체의 부피 문제는 가장 간단한 도형을
선택하는 방법이 적용될 수 있다. 특히 주어진 두 함수의 그래프
사이의 넓이를 구하는 문제에서는 미지수를 간단한 숫자로 선택하
여 구하는 넓이를 간단하게 계산한다. 그리고 보기에서 그러한 넓
이의 값이 나오는 것을 찾는다.

부정적분 $\displaystyle\int \frac{x^3}{x-1}\,dx - \int \frac{1}{x-1}\,dx$ 를 구하면?

(단, C는 적분상수)

① x^2+x+C　　　　② x^2-x+C

③ x^3+C　　　　④ $\dfrac{1}{3}x^3+\dfrac{1}{2}x^2+x+C$

⑤ x^3-3x+C

문제의 적분 기호를 벗기고 보기를 미분해서 미분문제로 바꾸어 봐.

주어진 문제에서 적분 기호를 뺀 것을 P라고 해 봐.

그럼 문제는 '$P = \dfrac{x^3}{x-1} - \dfrac{1}{x-1}$ 을 간단히 하면?' 이구 보기는

① $2x+1$　　　　② $2x-1$　　　　③ $3x^2$

④ x^2+x+1　　　　⑤ $3x^2-3$

이자나.

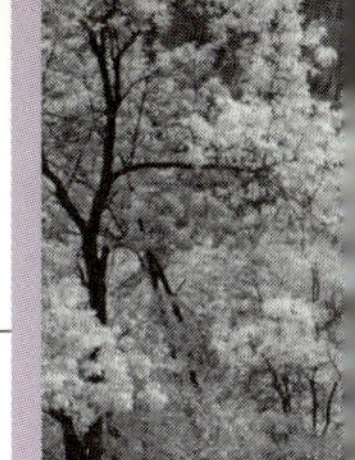

$x=0$을 P에 넣으면 $P=1$이지?

그럼 보기에 $x=0$을 넣어 1인 걸 찾아봐.

①, ④이지?

그라믄 ①, ④가 정답 후보야.

자 ~ 2차전 가자 …

$x=2$를 P에 넣으면 $P=7$이지?

그럼 ①, ④에 $x=2$를 넣어 7인 걸 찾아보라구.

④이지? **그럼 ④가 정답이야.**

Note

$$\frac{d}{dx}\int f(x)\,dx = f(x)$$

다음 부정적분을 구하면?(단, C는 적분상수)

$$\int \frac{x^4}{x^2+x+1}dx+\int \frac{x^2}{x^2+x+1}dx+\int \frac{1}{x^2+x+1}dx$$

① x^2-x+C　　　　② x^2+x+C

③ x^3+C　　　　④ $\frac{1}{3}x^3-\frac{1}{2}x^2+x+C$

⑤ x^3-3x+C

주어진 식을 미분한 것을 P라고 해 봐. 그라믄⋯

$$P=\frac{x^4}{x^2+x+1}+\frac{x^2}{x^2+x+1}+\frac{1}{x^2+x+1}$$ 이구 보기는

① $2x-1$　　　　② $2x+1$　　　　③ $3x^2$

④ x^2-x+1　　　⑤ $3x^2-3$

이자나.

P에 $x=0$을 넣어 봐. $P=1$이지?

그럼 보기에 $x=0$을 넣어 1인 걸 찾아봐.

②, ④가 정답 후보군~

자 ~ 2차전 가자 ⋯

P에 $x=1$을 넣으면 $P=1$이지?

그럼 ②, ④에 $x=1$을 넣어 1인 걸 찾아봐. ④이지?

그러니까 ④가 정답이야.

1 $\displaystyle\int (x+1)^3\,dx - \int (x-1)^3\,dx$ 를 구하면?

(단, C는 적분상수)

① $2x^2+2x+C$ ② $2x^2-2x+C$

③ $2x^3+2x+C$ ④ $2x^3-2x+C$

⑤ $2x^3+2x^2+2x+C$

2 $\displaystyle\int (\sin\theta+\cos\theta)^2\,d\theta + \int (\sin\theta-\cos\theta)^2\,d\theta$
$\displaystyle +\int \frac{1}{1+\tan^2\theta}\,d\theta + \int \sin^2\theta\,d\theta$ 를 구하면?

(단, C는 적분상수)

① $\theta+C$ ② $2\theta+C$

③ $3\theta+C$ ④ $2\theta-\sin\theta+C$

⑤ $3\theta+\sin\theta+C$

n이 0 이상의 정수일 때, $P = \int x(1-x)^n\,dx$를 구하면? (단, C는 적분상수)

① $(1-x)^{n+1} + C$

② $\dfrac{(1-x)^{n+1}}{n+1} + C$

③ $\dfrac{\{x(1-x)\}^{n+1}}{n+1} + C$

④ $\dfrac{(1-x)^{n+1}}{n+1} - \dfrac{(x-1)^{n+2}}{n+2} + C$

⑤ $-\dfrac{(1-x)^{n+1}}{n+1} + \dfrac{(1-x)^{n+2}}{n+2} + C$

$n=0$을 넣어 봐.

그럼 $P = \int x\,dx$이지?

P와 보기를 모두 미분해 봐.

그럼 미분 문제로 바뀌걸랑. 즉,

$P' = x$일 때, P'을 구하면?

①　-1　　②　-1　　③　$1-2x$　　④　$-x$　　⑤　x

이자나.

그러니까 답은 당근 ⑤야.

3 $f(x)=\int x(x+n)^{n-1}dx$ (n은 자연수)이고, $f(0)=0$일 때, $f(1)$의 값은?

① $\dfrac{n}{n+1}$ ② $\dfrac{n^n}{n+1}$ ③ $\dfrac{n^{n+1}}{n+1}$

④ $\dfrac{(n+1)^{n+1}}{n}$ ⑤ $\dfrac{(n+1)^n}{n}$

4 $F(x)=\int (x+1)^n(x-2)dx$ (n은 자연수)일 때, $F(0)-F(-1)$의 값은?

① $\dfrac{1}{n(n+1)}$ ② $\dfrac{1}{(n+1)(n+2)}$

③ $\dfrac{n}{n(n+2)}$ ④ $\dfrac{n}{(n+1)(n+2)}$

⑤ $\dfrac{-2n-5}{(n+1)(n+2)}$

$f(x)$의 부정적분을 $F(x)$라 할 때, $F(x)=f(x)+x^2$,
$f(0)=2$를 만족하는 함수 $f(x)$를 구하면?

① $x+2$　　　② $2x+2$　　　③ $3x-3$

④ x^2-1　　　⑤ x^3+1

$f(0)=2$이지?

보기에 $x=0$을 넣어 2인 걸 찾아봐. ①, ②가 정답 후보군.

　▌자 ~ 2차전 가자…

$F(x)=f(x)+x^2$을 미분해 봐.

$F'(x)=f(x)$이니까 $f(x)=f'(x)+2x$이지?

이걸 만족하는 것은 ②자나.

그러니까 ②가 정답이야.

＋$\mathcal{N}ote$

함수 $f(x)$의 한 부정적분을 $F(x)$라 하면

$$\int f(x)\,dx = F(x)+C\,(\text{단}, C\text{는 적분상수})$$

IN05 부정적분

$$\int f(x)\,dx = g(x),\ \int g(x)\,dx = h(x)\text{일 때,}$$

$\int xf(x)\,dx$를 구하면? (단, C는 적분상수)

① $xg(x)+C$ ② $xg(x)+h(x)+C$

③ $xg(x)-h(x)+C$ ④ $xh(x)+g(x)+C$

⑤ $xh(x)-g(x)+C$

$f(x)=1$을 택해 봐.

$\int f(x)\,dx = g(x)$이니까 $g(x)=x$이지?

(당분간 적분상수는 빼고 생각하자.)

그라믄 $\int g(x)\,dx = h(x)$이니까 $h(x) = \dfrac{x^2}{2}$이자나.

그럼 $\int xf(x)\,dx = \dfrac{x^2}{2}$이니까

보기에서 적분상수를 빼고 $\dfrac{x^2}{2}$이 나오는 걸 찾아보라구. ③이지?

그럼 ③이 답이야.

다음 중 옳은 것을 모두 골라라.

> ㄱ. $\int dx = C$ (단, C는 적분상수)
>
> ㄴ. $\dfrac{d}{dx}\int f(x)\,dx = \int \dfrac{d}{dx} f(x)\,dx$
>
> ㄷ. $\int f(x)\,dx = \int g(x)\,dx$ 이면 $f(x)=g(x)$

ㄱ. $\int dx = x + C$ 이니까 틀리지?

ㄴ. $f(x)=1$을 택해 봐.

$$\frac{d}{dx}\int dx = \frac{d}{dx}(x+C) = 1 \text{이구}$$

$$\int \frac{d}{dx} f(x)\,dx = \int 0\,dx = C \text{이니까 틀리지?}$$

ㄷ. $\int f(x)\,dx = \int g(x)\,dx$ 를 미분 때려 봐.

$f(x)=g(x)$ 이니까 옳자나. **그러니까 옳은 건 ㄷ이야.**

➕ *Note*

$$\frac{d}{dx}\int f(x)\,dx = f(x), \quad \int \frac{d}{dx} f(x)\,dx = f(x) + C$$

5 $f(x)$의 부정적분을 $F(x)$라 할 때, $F(x)=xf(x)+3x^4-2x^3$,

$f(0)=2$를 만족하는 함수 $f(x)$를 구하면?

① $-4x^3+3x^2+2$ 　　　② $-4x^3+3x^2-2$

③ $-4x^3+3x^2-2$ 　　　④ $4x^3+3x^2+2$

⑤ $4x^3+3x^2-2$

6 미분가능한 함수 $f(x)$가 $f(x+y)=f(x)+f(y)+6xy$,

$f(1)=2$를 만족할 때, $f(-1)$의 값을 구하여라.

$$\lim_{x \to \frac{\pi}{2}} \frac{1}{x-\frac{\pi}{2}} \int_{\frac{\pi}{2}}^{x} \frac{1}{1+\sin t+\cos t}\, dt \text{의 값은?}$$

① $-\dfrac{1}{2}$ ② 0 ③ $\dfrac{1}{2}$

④ 1 ⑤ $\dfrac{\pi}{2}$

$$\lim_{x \to \frac{\pi}{2}} \frac{\displaystyle\int_{\frac{\pi}{2}}^{x} \frac{1}{1+\sin t+\cos t}\, dt}{x-\frac{\pi}{2}} \text{의 분모, 분자를 미분해 봐.}$$

그럼 $\dfrac{\dfrac{1}{1+\sin x+\cos x}}{1} = \dfrac{1}{1+\sin x+\cos x}$ 이지?

요기에 $x=\dfrac{\pi}{2}$ 를 넣어 봐. $\dfrac{1}{2}$ 이지?

그럼 답은 ③이야.

gimmyoung math

7 $f(x)=\displaystyle\int (1+2x+3x^2+\cdots+nx^{n-1})\,dx$ (n은 자연수)에

대하여 다음 중 $(x-1)f(x)$와 같은 것은?(단, $f(0)=1$)

① $x^{n-1}-1$ 　　② x^n 　　　　③ x^n+1

④ x^n-1 　　⑤ $x^{n+1}-1$

8 $a,\ b,\ c$는 상수이고, $a\neq b$일 때,

$$p\int_a^c x\,dx - \int_a^c x^2\,dx = \int_c^b x^2\,dx - p\int_c^b x\,dx$$

를 만족하는 상수 p의 값은?

① $\dfrac{a^2+ab+b^2}{3(a+b)}$ 　　　　② $\dfrac{a^2+ab+b^2}{a+b}$

③ $\dfrac{2(a^2+ab+b^2)}{a+b}$ 　　　④ $\dfrac{2(a+b)}{a^2+ab+b^2}$

⑤ $\dfrac{2(a^2+ab+b^2)}{3(a+b)}$

gimmyoung math

다음 중 옳은 것을 모두 골라라.

ㄱ. $\displaystyle\int_{-3}^{0} f(x)\,dx = -\int_{0}^{3} f(x)\,dx$

ㄴ. $\displaystyle\int_{-3}^{0} f(x)\,dx = \int_{0}^{3} f(-x)\,dx$

ㄷ. $\displaystyle\int_{0}^{-2} f(x)\,dx - \int_{3}^{-2} f(x)\,dx = \int_{0}^{3} f(x)\,dx$

간단한 $f(x)$를 택해서 좌변과 우변을 비교하면 된다구.

$f(x)=1$을 택해 봐.

ㄱ. (좌변)$=\displaystyle\int_{-3}^{0} f(x)\,dx = 0-(-3)=3$이구

(우변)$=-\displaystyle\int_{0}^{3} f(x)\,dx = -(3-0)=-3$이니까 틀리지?

ㄴ. (좌변)$=\displaystyle\int_{-3}^{0} f(x)\,dx = 0-(-3)=3$이구

(우변)$=\displaystyle\int_{0}^{3} f(-x)\,dx = 3-0=3$이니까 옳지?

ㄷ. (좌변)$=(-2-0)-(-2-3)=3$이구

(우변)$=3-0=3$이니까 옳지?

그러니까 옳은 것은 ㄴ, ㄷ이라구.

IN09 정적분의 계산

정적분 $\int_0^a -\sqrt{a^2-x^2}\,dx$의 값은?(단, a는 상수)

① $\dfrac{\pi}{4}a^2$ ② $\dfrac{\pi}{4a^2}$ ③ $-\dfrac{\pi}{4}a^2$

④ $-\dfrac{\pi}{4a^2}$ ⑤ $\dfrac{4a^2}{\pi}$

$a=0$을 넣어 봐. 그럼 0이지?

그럼 보기에 $a=0$을 넣어 0인 걸 찾아봐.

①, ③, ⑤가 정답 후보군.

 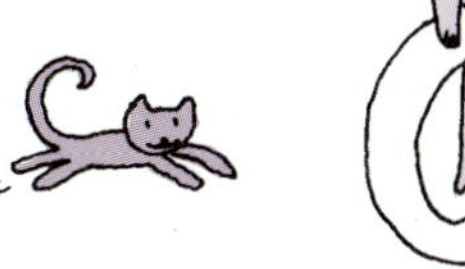

자 ~ 2차전 가자…

$a=\infty$를 넣어 봐. $-\infty$이지?

그럼 ①, ③, ⑤에 $a=\infty$를 넣어 $-\infty$인 걸 찾아보라구.

③이지?

그러니까 ③이 답이야.

$$\int_0^\infty (-\infty)\,dx = -\infty$$

수열 $\{a_n\}$에 대하여 $a_1+a_2+\cdots+a_n=\displaystyle\int_0^n f(x)\,dx$이고 $f(x)=x+\dfrac{1}{2}$일 때, a_n은? (단, n은 자연수)

① $n-\dfrac{1}{2}$　　② $n+\dfrac{1}{2}$　　③ n

④ $2n-1$　　⑤ $2n+1$

$n=1$을 넣어 봐.

그럼 $a_1=\displaystyle\int_0^1\left(x+\dfrac{1}{2}\right)dx=1$이자나.

보기에 $n=1$을 넣어 1인 걸 찾아봐.

③, ④가 정답 후보라구?

　자 ~ 2차전 가자…

$n=2$를 넣어 봐.

$a_1+a_2=\displaystyle\int_0^2\left(x+\dfrac{1}{2}\right)dx=3$이니까 $a_2=2$이자나.

③, ④에 $n=2$를 넣어 2인 걸 찾아보라구. ③이지?

그러니까 ③이 답이야.

9 $f(x)$가 모든 자연수 n에 대하여

$$\int_{n-1}^{n} f(x)\,dx = 3n(n+1)$$을 만족할 때, 다음 중

$$\int_{0}^{n} f(x)\,dx$$에 대한 설명으로 옳은 것은?

① 홀수이다.　　　　　② 4의 배수이다.

③ 5의 배수이다.　　　④ 6의 배수이다.

⑤ 8의 배수이다.

10 다음 중 $I = \displaystyle\int_{a}^{b} |x|\,dx$의 값과 같은 것은?

① $\dfrac{1}{2}(a|a| - b|b|)$　　　② $\dfrac{1}{2}(b|b| - a|a|)$

③ $\dfrac{1}{2}(a|a| + b|b|)$　　　④ $\dfrac{1}{2}(b^2 - a^2)$

⑤ $\dfrac{1}{2}(a^2 - b^2)$

함수 $y=f(x)$와 그 역함수 $y=g(x)$가 있다.

$f(-x)=-f(x)$일 때, 다음 중

$$S=\int_{-a}^{a}|f(x)|\,dx+\int_{f(-a)}^{f(a)}|g(x)|\,dx$$와 같은 것은?

(단, a는 상수)

① 0 ② 1 ③ $2f(a)$

④ $af(a)$ ⑤ $2af(a)$

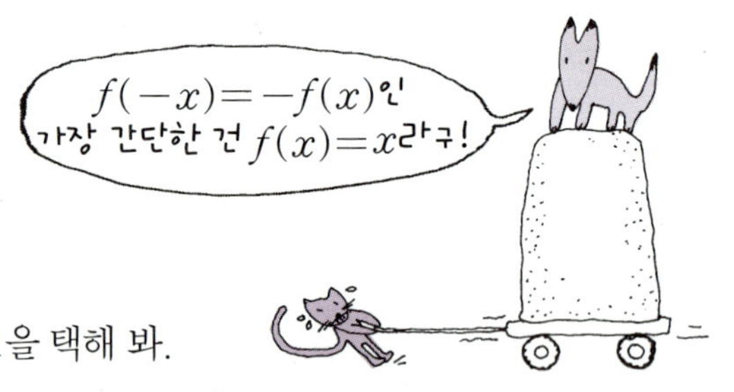

$f(x)=x$, $a=1$을 택해 봐.

그럼 $g(x)=x$이니까 $S=2\displaystyle\int_{-1}^{1}|x|\,dx=2$이지?

보기에서 2인 걸 찾아봐. ③, ⑤가 정답 후보군.

┃ 자 ~ 2차전 가자 …

이번엔 $f(x)=x$, $a=2$를 택해 보라구.

$$S=2\int_{-2}^{2}|x|\,dx=8$$이지?

그라믄 ③, ⑤에서 8인 걸 찾아봐. ⑤이지?

그러니까 ⑤가 답이야.

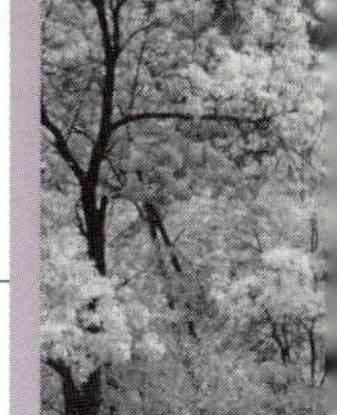

IN12 우함수와 기함수의 정적분

연속함수 $f(x)$에 대하여 다음 중 옳은 것은?

① $\displaystyle\int_{-1}^{1}\{f(x)+f(-x)\}dx=2\int_{0}^{1}f(x)dx$

② $\displaystyle\int_{-1}^{1}\{f(x)+f(-x)\}dx=0$

③ $\displaystyle\int_{-1}^{1}\{f(x)-f(-x)\}dx=2\int_{0}^{1}f(x)dx$

④ $\displaystyle\int_{-1}^{1}\{f(x)-f(-x)\}dx=0$

⑤ $\displaystyle\int_{-1}^{1}\{f(x)-f(-x)\}dx=2\int_{0}^{1}\{f(x)-f(-x)\}dx$

$f(x)=x$를 택하구, 보기 중 성립하는 걸 찾아봐.

②, ④라구? 그럼 ②, ④가 정답 후보야.

자 ~ 2차전 가자 …

이번엔 $f(x)=1$을 택해 봐.

글구 ②, ④에 $f(x)=1$을 넣어 봐.

④만 성립하자나.

그러니까 ④가 답이야.

 Note

다음을 기억해 두자.

$$\int_{-a}^{a}(\text{우함수})\,dx=2\int_{0}^{a}(\text{우함수})\,dx,\quad \int_{-a}^{a}(\text{기함수})\,dx=0$$

IN 13 정적분으로 표시된 함수

연속함수 $f(x)$에 대하여 $F(x)=\displaystyle\int_0^x f(t)\,dt$,

$G(x)=\displaystyle\int_0^x tf(t)\,dt,\ H(x)=x\displaystyle\int_0^x f(t)\,dt$ 일 때, 다음

중 옳지 <u>않은</u> 것은?

① $G'(x)=xf(x)$

② $\{G(x)-F(x)\}'=H'(x)$

③ $H'(x)=F(x)+xf(x)$

④ $G(x)-H(x)=\displaystyle\int_0^x (t-x)f(t)\,dt$

⑤ $\{H(x)-F(x)\}'=(x-1)f(x)+F(x)$

$f(x)=1$을 택해 봐!

$$F(x)=\int_0^x 1\,dt=x,\ G(x)=\int_0^x t\,dt=\frac{x^2}{2},\ H(x)=x\int_0^x 1\,dt=x^2$$

이지? 그럼 이걸 보기에 넣어 옳지 않은 걸 찾아보라구.

②를 봐봐.

$$(\text{좌변})=\left\{\frac{x^2}{2}-x\right\}'=x-1\,\text{이구}$$

$(\text{우변})=2x$ 이니까 옳지 않지?

그럼 당근 ②가 답이야.

11 a가 실수일 때, $\displaystyle\int_0^a 2|x|\,dx$에 대한 다음 설명 중 옳은 것은?

① $a>0$일 때 $2a$이다.

② $a>0$일 때 $-a^2$이다.

③ $a<0$일 때 $-a^2$이다.

④ $a<0$일 때 $-2a$이다.

⑤ a의 값과 관계없이 항상 a^2이다.

12 다항함수 $f(x)$에 대하여 $\displaystyle F(x)=\int_a^x f(t)\,dt$라 할 때, 다음 중 $F(x)-F(-x)$와 같은 것은? (단, a는 상수)

① 0 ② $\displaystyle 2\int_0^x f(t)\,dt$ ③ $\displaystyle 2\int_a^x f(t)\,dt$

④ $\displaystyle \int_{-x}^x f(t)\,dt$ ⑤ $\displaystyle \int_{-a}^a f(t)\,dt$

다음은 연속함수 $f(x)$가 모든 실수 x에 대하여 $f(x)=-f(-x)$를 만족할 때, $\displaystyle\int_{-a}^{a} f(x)\,dx=\boxed{(나)}$ 임을 증명한 것이다.

$f(x)=-f(-x)$이므로

$$\int_{-a}^{0} f(x)\,dx=\boxed{(가)}$$

$$\therefore \int_{-a}^{a} f(x)\,dx=\int_{-a}^{0} f(x)\,dx+\int_{0}^{a} f(x)\,dx$$

$$=\boxed{(나)}$$

위의 (가), (나)에 알맞은 것을 차례대로 나열하면?

① $\displaystyle\int_{0}^{a} f(x)\,dx,\ 2\int_{0}^{a} f(x)\,dx$

② $\displaystyle\int_{a}^{0} f(x)\,dx,\ 2\int_{0}^{a} f(x)\,dx$

③ $\displaystyle-\int_{0}^{a} f(x)\,dx,\ 0$

④ $\displaystyle-\int_{a}^{0} f(x)\,dx,\ 0$

⑤ $\displaystyle\int_{0}^{a} f(x)\,dx,\ 0$

$f(x)=-f(-x)$인 젤 간단한 함수를 택해 봐.

$f(x)=x$를 택했다구?

그럼 $\displaystyle\int_{-a}^{0} f(x)\,dx=\boxed{\text{(가)}}$

에서 (가)$=-\dfrac{a^2}{2}$이자나.

보기에서 (가)$=-\dfrac{a^2}{2}$인 걸 찾아봐.

②, ③이지?

그럼 ②, ③이 정답 후보야.

 **자 ~ 2차전 가자…**

$$\int_{-a}^{a} f(x)\,dx=\int_{-a}^{0} f(x)\,dx+\int_{0}^{a} f(x)\,dx$$

$$=\boxed{\text{(나)}}$$

에서 $\displaystyle\int_{-a}^{a} f(x)\,dx=0$이니까 (나)$=0$이야.

그라믄 ②, ③에서 0인 것은 ③이지?

그러니까 답은 ③이야.

**Note**

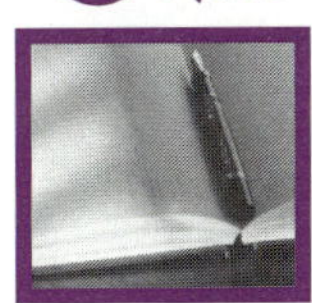

$f(-x)=-f(x)$인 젤 간단한 함수는 $f(x)=x$이다.

IN 15 이차식의 정적분

이차방정식 $ax^2+bx+c=0$의 한 근을 t라 할 때,

$$\int_{t-h}^{t+h} (ax^2+bx+c)\,dx$$의 값은?

(단, a,b,c,h는 상수)

① $\dfrac{1}{2}ah^3$ 　② $\dfrac{2}{3}ah^3$ 　③ $\dfrac{3}{4}ah^3$

④ $\dfrac{4}{5}ah^3$ 　⑤ $\dfrac{5}{6}ah^3$

$b=c=0,\ a=1$을 택해 봐.

그럼 $ax^2+bx+c=0$은 $x^2=0$이니까 $t=0$이자나.

또 $h=1$을 택해 봐.

그라믄 $\displaystyle\int_{t-h}^{t+h}(ax^2+bx+c)\,dx=\int_{-1}^{1}x^2\,dx=\dfrac{2}{3}$ 이니까

답은 당근 ② 라구.

$+$ *Note*

보기가 b,c와 관계없으니까 문제에서 b,c를 아무렇게나 택할 수 있다. 그러므로 젤 간단한 값을 택하여 푼다.

13 미분가능한 함수 $f(x)$가 임의의 두 실수 x, y에 대하여

$f(x+y)=f(x)+f(y)-3$을 만족할 때, 다음이 성립한다.

$$f(0)=\boxed{(가)}$$
$$f(-x)=-f(x)+\boxed{(나)}\,f(0)$$
$$f'(x)=\boxed{(다)}$$

위의 (가), (나), (다)에 알맞은 것을 차례대로 나열하면?

① $3, 2, f(x)$ ② $3, 2, f'(0)$

③ $3, -1, f'(0)$ ④ $-3, 2, f(x)$

⑤ $-3, -1, f'(0)$

곡선 $y=3x^2$과 직선 $x=2$ 및 x축으로 둘러싸인 부분의 넓이 S를 구분구적법으로 구하면

$$S=\lim_{n\to\infty}\left\{\sum_{k=1}^{n}\boxed{(가)}\cdot\frac{1}{n}\right\}=8$$

이다. 이 때, 다음 중 (가)에 알맞은 것은?

① $6\left(\dfrac{k}{n}\right)^2$ ② $8\left(\dfrac{k}{n}\right)^2$ ③ $12\left(\dfrac{k}{n}\right)^2$

④ $16\left(\dfrac{k}{n}\right)^2$ ⑤ $24\left(\dfrac{k}{n}\right)^2$

(가)$=a\left(\dfrac{k}{n}\right)^2$(단, a는 상수)이라구 해 봐.

그럼 $S=\lim\limits_{n\to\infty}\left\{\sum\limits_{k=1}^{n}a\left(\dfrac{k}{n}\right)^2\cdot\dfrac{1}{n}\right\}=\lim\limits_{n\to\infty}\dfrac{a}{n^3}\sum\limits_{k=1}^{n}k^2$

$\qquad =\lim\limits_{n\to\infty}\left\{\dfrac{a}{n^3}\cdot\dfrac{n(n+1)(2n+1)}{6}\right\}=a\times\dfrac{2}{6}=8$

이니까 $a=24$야.

그럼 당근 답은 ⑤라구.

IN 17　구분구적법

음이 아닌 정수 k에 대하여 $\displaystyle\lim_{n\to\infty}\frac{1}{n^{k+1}}\sum_{j=1}^{2n}j^k$ 의 값은?

① $\dfrac{1}{k+1}$　　② $\dfrac{2}{k+1}$　　③ $\dfrac{2^k}{k+1}$

④ $\dfrac{2^{k+1}}{k+1}$　　⑤ $\dfrac{k}{k+1}$

$k=0$을 택해 봐.

$$\lim_{n\to\infty}\frac{1}{n^{k+1}}\sum_{j=1}^{2n}j^k=\lim_{n\to\infty}\frac{1}{n}\sum_{j=1}^{2n}1=\lim_{n\to\infty}\frac{2n}{n}=2$$

이니까 보기에서 2인 걸 찾아봐.

그럼 ②, ④가 정답 후보야.

 **자 ~ 2차전 가자 …**

이번엔 $k=1$을 택해 봐.

$$\lim_{n\to\infty}\frac{1}{n^{k+1}}\sum_{j=1}^{2n}j^k=\lim_{n\to\infty}\frac{1}{n^2}\sum_{j=1}^{2n}j$$

$$=\lim_{n\to\infty}\left\{\frac{1}{n^2}\cdot\frac{1}{2}(2n)(2n+1)\right\}=2$$

이니까 ②, ④에서 2인 걸 찾아봐. **그럼 당근 답은 ④라구.**

다음은 곡선 $y=x^2$과 x축 및 직선 $x=1$로 둘러싸인 부분의 넓이 S를 구분구적법으로 구하는 과정이다.

> 오른쪽 그림에서 구간 $[0, 1]$을 n등분한 분점을 차례대로
>
> $$0, \ \frac{1}{n}, \ \frac{2}{n}, \ \cdots, \ \frac{n}{n}(=1)$$
>
> 이라 하고, 곡선의 아래쪽에 접하는 각 직사각형의 넓이의 합을 A_n, 각 직사각형에 어두운 부분의 넓이를 더해서 만든 직사각형들의 넓이의 합을 B_n이라 하면
>
> $A_n=\boxed{\ \text{(가)}\ }$, $B_n=\boxed{\ \text{(나)}\ }$ 이고 임의의 자연수 n에 대하여 구하는 넓이 S는 $A_n \le S \le B_n$
>
> $\displaystyle \lim_{n\to\infty} A_n = \frac{1}{3} = \lim_{n\to\infty} B_n$ 이므로 $S=\dfrac{1}{3}$ 이 된다.

위의 (가), (나)에 알맞은 것을 차례대로 나열하면?

① $\dfrac{1}{6}\left(2-\dfrac{1}{n}\right), \ \dfrac{1}{6}\left(2+\dfrac{1}{n}\right)$

② $\dfrac{1}{3}\left(2-\dfrac{1}{n}\right), \ \dfrac{1}{3}\left(2+\dfrac{1}{n}\right)$

③ $\dfrac{1}{2}\left(\dfrac{2}{3}-\dfrac{1}{n}\right), \ \dfrac{1}{2}\left(\dfrac{2}{3}+\dfrac{1}{n}\right)$

④ $\dfrac{1}{6}\left(1-\dfrac{1}{n}\right)\left(2-\dfrac{1}{n}\right), \ \dfrac{1}{6}\left(1+\dfrac{1}{n}\right)\left(2+\dfrac{1}{n}\right)$

⑤ $\dfrac{1}{3}\left(1-\dfrac{1}{n}\right)\left(2-\dfrac{1}{n}\right), \ \dfrac{1}{3}\left(1+\dfrac{1}{n}\right)\left(2+\dfrac{1}{n}\right)$

$n=1$을 택해 봐.

그럼 내접하는 사각형의 높이가 0이니까

$A_n=0$이자나.

보기에서 $n=1$일 때 (가)$=0$인 걸 찾아봐.

④, ⑤가 정답 후보군.

 **자 ~ 2차전 가자 …**

또 $n=1$일 때 외접하는 사각형의 높이가 1이니까

$B_n=1$이지?

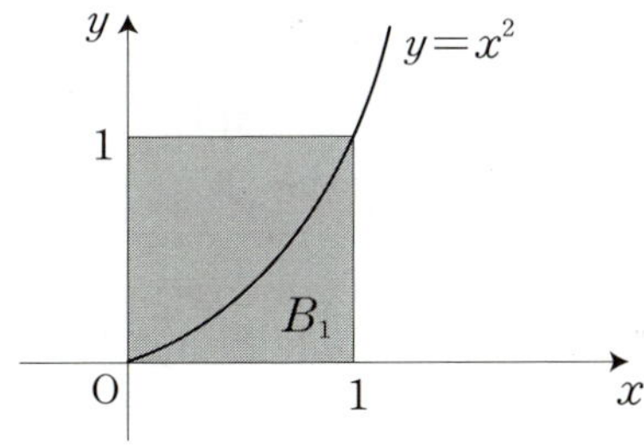

④, ⑤에 $n=1$을 넣어 (나)$=1$인 걸 찾아봐.

④이지? **그럼 ④가 답이야.**

 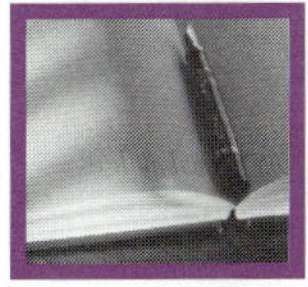

곡선에 내접하는 다각형의 개수를 줄이면 풀이가 쉬워진다.

다음은 밑면의 반지름의 길이가 r, 높이가 h인 원뿔의 부피 V를 구분구적법으로 구하는 과정이다.

> 원뿔의 높이를 n등분하고, 각 분점을 지나며 밑면에 평행인 평면으로 자른다. 이 때, 얻어진 단면의 넓이를 위에서부터 차례대로
>
> $$A_1, A_2, \cdots, A_{n-1}$$
>
> 이라 하면 $A_1 = \boxed{(가)}\, \pi r^2,\ \cdots,\ A_{n-1} = \boxed{(나)}\, \pi r^2$
>
> 각각의 단면을 윗면으로 하고 $\dfrac{h}{n}$를 높이로 하는
>
> $n-1$개의 원기둥의 부피의 합을 V_n이라 하면
>
> $$V_n = \frac{\pi r^2 h}{n^3}\,\boxed{(다)}\ \text{이다.}$$
>
> 따라서, $V = \lim\limits_{n \to \infty} V_n = \dfrac{\pi r^2 h}{3}$ 이다.

(가), (나), (다)에 알맞은 것을 차례대로 나열하면?

① $\left(\dfrac{1}{n}\right)^2,\ \left(\dfrac{n-1}{n}\right)^2,\ \dfrac{n(n+1)(2n+1)}{6}$

② $\left(\dfrac{1}{n}\right)^2,\ \left(\dfrac{n-1}{n}\right)^2,\ \dfrac{n(n-1)(2n-1)}{6}$

③ $\left(\dfrac{2}{n}\right)^2,\ \left(\dfrac{n-1}{n}\right)^2,\ \dfrac{n(n+1)(2n+1)}{6}$

④ $\left(\dfrac{2}{n}\right)^2,\ \left(\dfrac{n-1}{n}\right)^2,\ \dfrac{n(n-1)(2n-1)}{6}$

⑤ $\left(\dfrac{1}{n}\right)^2,\ \left(\dfrac{n+1}{n}\right)^2,\ \dfrac{n(n+1)(2n+1)}{6}$

$n=2$를 택해 봐. 그럼 2등분이자나.

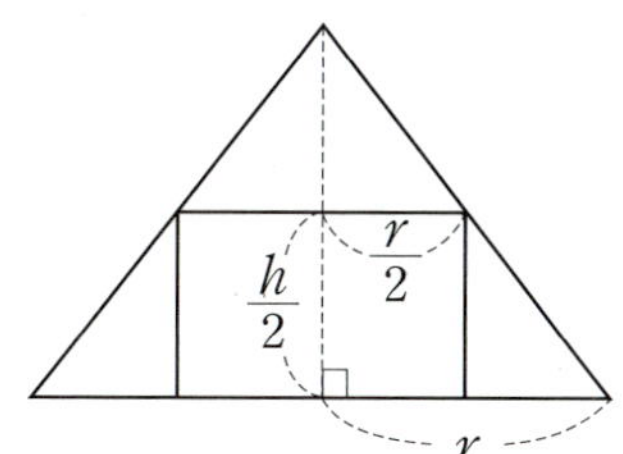

A_1의 반지름의 길이는 $\dfrac{r}{2}$이니까 $A_1=\pi\left(\dfrac{r}{2}\right)^2=\dfrac{1}{4}\pi r^2$이지?

그라믄 보기에 $n=2$를 넣어 (가)$=$(나)$=\dfrac{1}{4}$인 걸 찾아봐.

①, ②가 정답 후보군.

 **자 ~ 2차전 가자 …**

원기둥의 부피는 $V_2=\dfrac{1}{8}\pi r^2 h$이자나.

그럼 ①, ②에 $n=2$를 넣어 $V_n=\dfrac{\pi r^2 h}{n^3}\boxed{\text{(다)}}=\dfrac{1}{8}\pi r^2 h$인 걸

찾아봐. ②이지?

그럼 ②가 답이야.

대칭축이 각각 x축, y축인 두 곡선이 오른쪽 그림과 같이 원점과 $P(a, b)$에서 만날 때, 이 두 곡선으로 둘러싸인 부분의 넓이는?

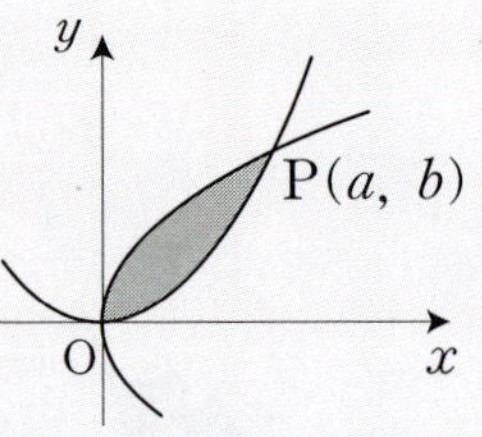

① $\dfrac{ab}{2}$　　② $\dfrac{ab}{3}$　　③ $\dfrac{ab}{4}$

④ $\dfrac{ab}{5}$　　⑤ $\dfrac{ab}{6}$

두 그래프의 식을 $y=\sqrt{x}$, $y=x^2$이라구 해 봐.

그럼 $(1, 1)$에서 만나니까 $a=b=1$이지?

이 때 넓이는 $\displaystyle\int_0^1 (\sqrt{x}-x^2)\,dx = \dfrac{2}{3} - \dfrac{1}{3} = \dfrac{1}{3}$ 이자나.

보기에 $a=b=1$을 넣어 $\dfrac{1}{3}$인 걸 찾아봐. ②이지?

그럼 답은 ②라구.

➕ *Note*

교점의 좌표가 간단해지도록 두 그래프의 식을 선택한다.

IN21 정적분의 계산

$0 < a < b$일 때, 정적분

$$\int_a^b x^n\,dx + \int_{a^n}^{b^n} \sqrt[n]{x}\,dx \text{ 의 값은?}\,(단,\,n\text{은 자연수})$$

① $a^n + b^n$ ② $b^n - a^n$ ③ $a^{n+1} + b^{n+1}$

④ $\dfrac{a^n + b^n}{2}$ ⑤ $b^{n+1} - a^{n+1}$

$n=1$을 넣어 봐. $\sqrt[1]{x}=x$이자나.

$a=0,\,b=2$를 택해 봐. 그럼 $\displaystyle\int_0^2 x\,dx + \int_0^2 x\,dx = 4$이지?

보기에서 4인 걸 찾아봐. ③, ⑤가 정답 후보야.

 **│ 자 ~ 2차전 가자…**

이번엔 $a=1,\,b=2$를 택해 봐. 그럼 $\displaystyle\int_1^2 x\,dx + \int_1^2 x\,dx = 3$이자나.

③, ⑤에서 3인 걸 찾아봐. ⑤이지? **그러니까 ⑤가 답이야.**

 $\mathcal{N}ote$

$\sqrt[1]{x}=x,\quad \sqrt[2]{x}=\sqrt{x}$

n이 자연수일 때, 두 곡선 $y=x^n$, $y=x^{n+1}$으로 둘러싸인 도형의 넓이 A와 두 곡선 $y=x^n$, $y=x^{n+1}$과 직선 $x=a$로 둘러싸인 도형의 넓이 B가 같다. 이 때, a를 n에 대한 함수로 나타내면? (단, $a>1$)

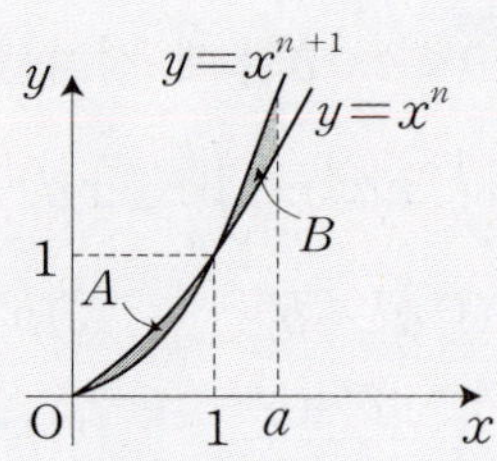

① $\dfrac{n+1}{n}$ ② $\dfrac{n+2}{n}$ ③ $\dfrac{n+2}{n+1}$

④ $\dfrac{n+3}{n+1}$ ⑤ $\dfrac{n+3}{n+2}$

$n=1$을 택해 봐.

$A=\displaystyle\int_0^1 (x-x^2)\,dx=\dfrac{1}{2}-\dfrac{1}{3}=\dfrac{1}{6}$ 이구,

$B=\displaystyle\int_1^a (x^2-x)\,dx=\dfrac{a^3-1}{3}-\dfrac{a^2-1}{2}$

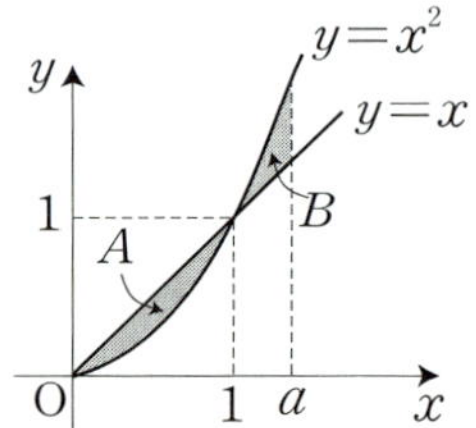

이지? 근데 $A=B$이니까

$2a^3-3a^2=0$이라구.

요기서 $a>1$이니까 $a=\dfrac{3}{2}$이야.

그럼 보기에 $n=1$을 넣어 $\dfrac{3}{2}$인 걸 찾아봐.

③이지?

그럼 ③이 답이야.

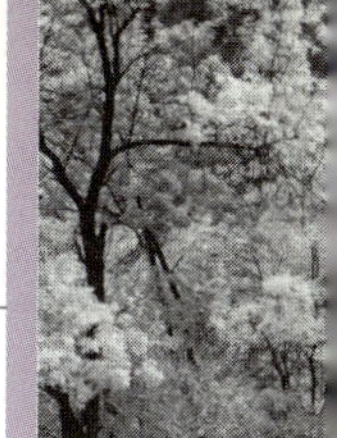

14 삼차함수 $y=f(x)$의 그래프는 점 (a, b)에 대하여 대칭이고 일차함수 $y=g(x)$의 그래프는 점 (a, b)를 지난다. 방정식 $f(x)=g(x)$가 서로 다른 세 실근 α, a, $\beta(\alpha<a<\beta)$를 가질 때, 다음 중 두 함수 $y=f(x)$와 $y=g(x)$의 그래프로 둘러싸인 부분의 넓이를 나타내는 것은?

① $\displaystyle\int_{\alpha}^{\beta}\{f(x)-g(x)\}\,dx$

② $\displaystyle\int_{\alpha}^{\beta}\{g(x)-f(x)\}\,dx$

③ $\displaystyle\int_{\alpha}^{a}\{f(x)-g(x)\}\,dx+\int_{a}^{\beta}\{g(x)-f(x)\}\,dx$

④ $\displaystyle\int_{\alpha}^{a}\{g(x)-f(x)\}\,dx+\int_{a}^{\beta}\{f(x)-g(x)\}\,dx$

⑤ $\displaystyle 2\int_{\alpha}^{a}|f(x)-g(x)|\,dx$

15 오른쪽 그림에서 $S_1<S_2<S_3$일 때, 다음을 큰 것부터 차례대로 써라.

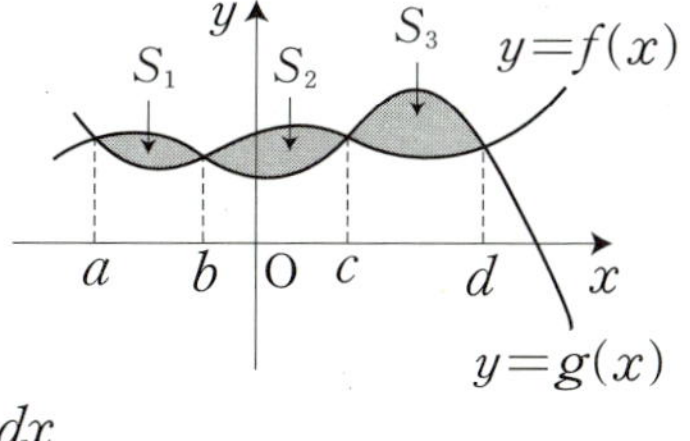

$A=\displaystyle\int_{a}^{b}\{f(x)-g(x)\}\,dx,$

$B=\displaystyle\int_{a}^{c}\{f(x)-g(x)\}\,dx,\ C=\int_{a}^{d}\{f(x)-g(x)\}\,dx$

다음은 함수 $f(x)$가 $a \le x \le b$에서 $f(x) \ge 0$이고 증가하는 함수일 때 곡선 $y=f(x)$가 $a \le x \le b$에서 x축으로 둘러싸인 부분을 y축 둘레로 회전시킨 입체의 부피가 $2\pi \int_a^b xf(x)\,dx$가 됨을 보이는 과정이다.

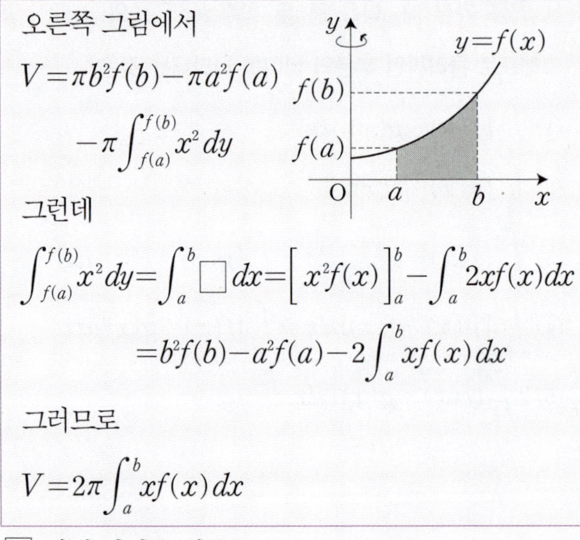

오른쪽 그림에서

$$V = \pi b^2 f(b) - \pi a^2 f(a) - \pi \int_{f(a)}^{f(b)} x^2 \, dy$$

그런데

$$\int_{f(a)}^{f(b)} x^2 \, dy = \int_a^b \square \, dx = \Big[\, x^2 f(x) \,\Big]_a^b - \int_a^b 2xf(x)\,dx$$

$$= b^2 f(b) - a^2 f(a) - 2\int_a^b xf(x)\,dx$$

그러므로

$$V = 2\pi \int_a^b xf(x)\,dx$$

$\square$ 안에 알맞은 식은?

① $\{f(x)\}^2$ ② $x^2 f(x)$ ③ $x^2 f'(x)$

④ $2x\{f(x)\}^2$ ⑤ $2xf(x)$

$f(x)=x$로 택해 봐.

그럼 $f(a)=a$이고 $dy=dx$이자나.

$$\int_{f(a)}^{f(b)} x^2\,dy = \int_a^b \square\,dx$$는

$$\int_a^b x^2\,dx = \int_a^b \square\,dx$$이지?

근데 $f'(x)=1$이니까 ①, ③이 정답 후보야.

 **자 ~ 2차전 가자…**

$f(x)=x^2$을 넣어 봐. 그럼 $dy=2x\,dx$이지?

글구 $a=0$, $b=1$로 택해 봐. 그럼

$$\int_{f(a)}^{f(b)} x^2\,dy = \int_a^b \square\,dx$$는

$$\int_0^1 x^2 \cdot 2x\,dx = \int_0^1 \square\,dx$$이지?

그러니까 답은 ③이야.

$a=0$, $b=1$을 택한 이유는 $0^2=0$, $1^2=1$이기 때문이다.

오른쪽 그림에서 $y=f(x)$와 $y=g(x)$는 직선 $y=r$에 대하여 대칭이다. 어두운 부분의 넓이를 S라고 할 때, 어두운 부분을 x축 둘레로 회전시킬 때 생기는 입체도형의 부피는?

① πrS ② $\dfrac{\pi r^2 S}{2}$ ③ $2\pi rS$

④ $2\pi r^2 S$ ⑤ $\dfrac{\pi r^2 S}{3}$

$f(x)=3,\ r=2,$
$g(x)=1,$
$a=0,\ b=3$이라구 해 봐.

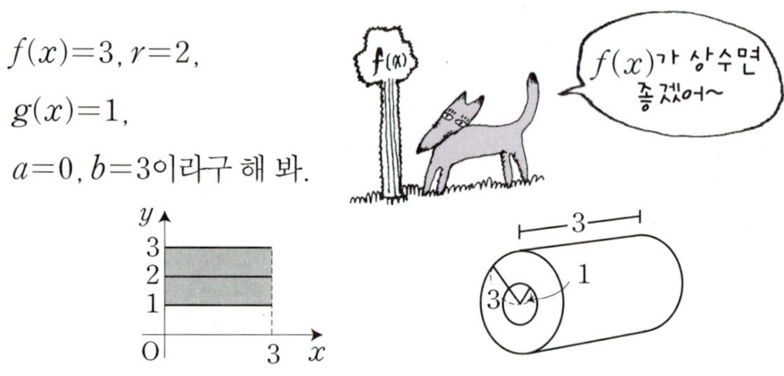

그럼 $S=6$이지. 글구 구하는 부피는 큰 원통의 부피에서 작은 원통의 부피를 빼면 되자나.

그러니까 $V=3^2\pi\times3-1^2\pi\times3=24\pi$야.

보기에서 24π인 걸 찾아봐. ③이지?

그럼 ③이 답이야.

IN25 정적분의 계산

미분가능한 함수 $f(x)$, $g(x)$가 $[a, b]$에서

$f'(x)=2g(x)$를 만족할 때, $\displaystyle\int_a^b f(x)g(x)dx$의 값은?

① $\{f(b)\}^2-\{f(a)\}^2$ 　② $\{f(b)\}^2-\{g(a)\}^2$

③ $\dfrac{\{f(b)\}^2-\{f(a)\}^2}{2}$ 　④ $\dfrac{\{f(b)\}^2-\{g(a)\}^2}{2}$

⑤ $\dfrac{\{f(b)\}^2-\{f(a)\}^2}{4}$

$g(x)=1$을 택해 봐.

그라믄 $f'(x)=2$인 젤 간단한 $f(x)$를 택하면

$f(x)=2x$이지?

글구 $a=0$, $b=1$를 택해 봐. 그럼

$$\int_a^b f(x)g(x)\,dx=\int_0^1 2x\,dx=1\text{이지?}$$

요 때 $f(b)=f(1)=2$, $f(a)=f(0)=0$이니까

보기에서 1인 걸 찾아보면 ⑤이지?

그럼 ⑤가 답이야.

V

이차곡선과 벡터

이차곡선과 벡터

1 이차곡선

이차곡선에는 타원, 쌍곡선, 포물선이 있다. 이들 함수들의 기본적인 정의는 알고 있어야 한다.

(i) 포물선

임의의 포물선의 방정식 $y^2 = ax$의 꼴로 주어지는 경우 간단한 a를 택하여 푼다. 이때 초점이 $\dfrac{a}{4}$임을 반드시 기억해 둔다. 또한, 한 점과 직선으로부터 같은 거리에 있는 점들의 모임이 포물선이라는 것을 꼭 알아 두도록 한다.

(ii) 타원

임의의 타원의 방정식 $\dfrac{x^2}{a^2} + \dfrac{y^2}{b^2} = 1$로 주어진 문제는 a, b를 간단한 값으로 택하여 그림을 그린다. 그러면 그림 속에서 바로 답이 결정될 수 있다. 또한 두 점에서 거리의 합이 일정한 점들의 모임이 타원이라는 것을 꼭 알아 두도록 한다.

(iii) 쌍곡선

임의의 쌍곡선의 방정식 $\dfrac{x^2}{a^2} - \dfrac{y^2}{b^2} = 1$로 주어진 문제를 풀 때는 간단한 a, b를 선택하여 그림을 그려 푼다. 이 때 점근선의 정의는 정확하게 알고 있어야 한다. 이 때 두 점으로부터의 거리의 차가 일정한 점들의 모임이 쌍곡선이라는 것을 꼭 알아 두도록 한다.

2 벡터

두 벡터로 주어져 있는 문제는 가장 간단한 두 벡터를 택하여 풀면 쉽다. 다음과 같은 두 벡터가 다루기 쉽다.

$$\vec{a} = (1, 0)$$
$$\vec{b} = (0, 1)$$

도형과 관련된 문제는 가장 간단한 도형을 택하면 구하고자 하는 거의 모든 벡터들이 쉽게 결정된다.

다음은 포물선 $y^2=4px$에서 초점 F를 지나는 직선이 포물선 위의 두 점 A, B에서 만날 때, $\dfrac{1}{\overline{\mathrm{AF}}}+\dfrac{1}{\overline{\mathrm{BF}}}$의 값이 일정함을 증명한 것이다.

> 오른쪽 그림에서 초점 F로부터 A, B, O까지의 거리를 각각 a, b, p라고 하면
>
> $\overline{\mathrm{FD}}=\boxed{\text{(가)}}$, $\overline{\mathrm{BC}}=\boxed{\text{(나)}}$
>
> $\triangle\mathrm{AFD}\backsim\triangle\mathrm{ABC}$이므로
>
> $\dfrac{\overline{\mathrm{AB}}}{\overline{\mathrm{AF}}}=\dfrac{\overline{\mathrm{BC}}}{\overline{\mathrm{FD}}}$
>
> $\therefore \dfrac{a+b}{a}=\dfrac{\boxed{\text{(나)}}}{\boxed{\text{(가)}}}$
>
> 이것을 정리하면 $\dfrac{1}{a}+\dfrac{1}{b}=\boxed{\text{(다)}}$

위의 (가), (나), (다)에 알맞은 것을 차례대로 나열하면?

① $a-p$, $a-b$, $\dfrac{1}{p}$

② $a-b$, $b+p$, $\dfrac{2}{p}$

③ $a-2p$, $b+p$, $\dfrac{2}{p}$

④ $a-2p$, $a-b$, $\dfrac{1}{p}$

⑤ $b+p$, $a-b$, $\dfrac{1}{p}$

$p = \dfrac{1}{4}$ 이라구 해 봐.

그럼 $y^2 = x$가 되지?

임의의 두 점 A, B에 대하여 성립하니까…

A, B를 요로케 택해 봐.

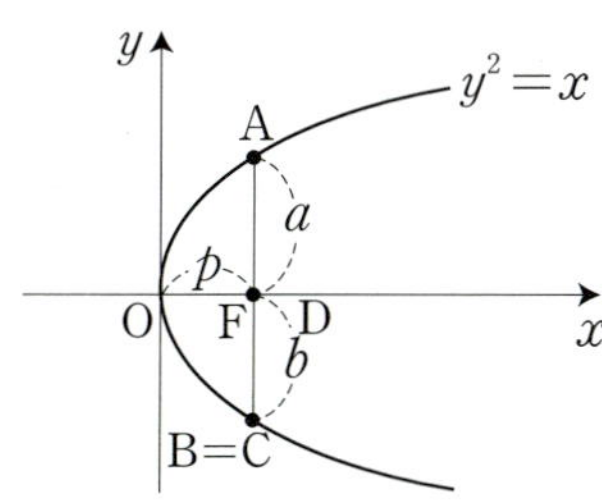

그럼 F=D이구 B=C이자나.

글구 $p = \dfrac{1}{4}$ 이니까 x좌표가 $\dfrac{1}{4}$인 두 점 A, B의 y좌표는 $+\dfrac{1}{2}$과 $-\dfrac{1}{2}$이랑께,

그러니까 $a = b = \dfrac{1}{2}$이지?

자~ 그라믄 답을 찾아보자구.

그림을 보면 $\overline{\mathrm{FD}} = 0$이지?

보기에서 (가)$=\overline{\mathrm{FD}}=0$인 걸 찾아봐.

②, ③, ④가 정답 후보야.

자 ~ 2차전 가자 …

그림을 보면 $\overline{\mathrm{BC}} = 0$이지?

②, ③, ④에서 (나)$=\overline{\mathrm{BC}}=0$인 걸 찾아봐. ④이지?

그럼 ④가 답이야.

QV02 포물선

다음 그림과 같이 포물선 $y^2 = 4px\,(p>0)$ 위의 임의의 동점 R를 잡아 정사각형과 직사각형을 만들었을 때, 정사각형과 직사각형의 넓이의 비는 $m:n$이다. 이 때, $m+n$의 값은?

(단, F는 초점, m과 n은 서로소인 정수)

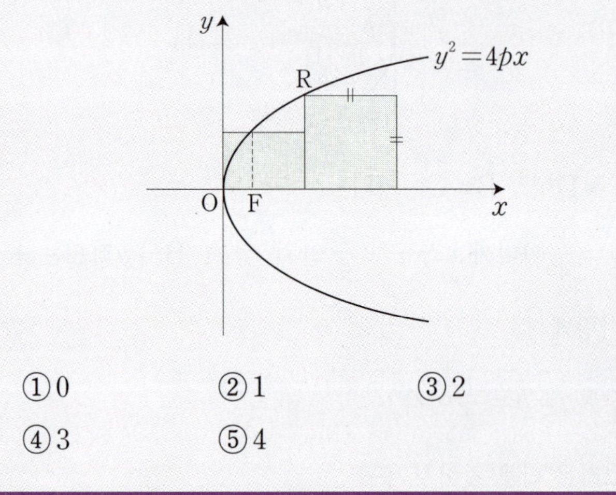

① 0   ② 1   ③ 2

④ 3   ⑤ 4

p는 $\dfrac{1}{4}$ 이라구 해 봐.

그럼 초점은 $\mathrm{F}(p,0)=\mathrm{F}\left(\dfrac{1}{4},0\right)$이지?

아래 그림과 같이 그래프에 나타내어 보자구.

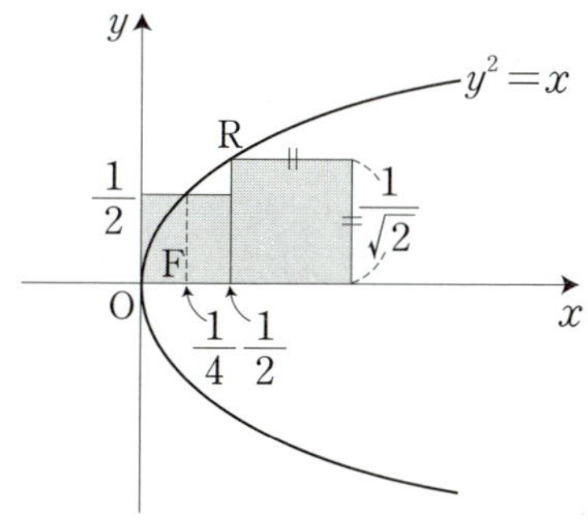

(직사각형의 넓이)$=\dfrac{1}{2}\times\dfrac{1}{2}=\dfrac{1}{4}$이구

(정사각형의 넓이)$=\left(\dfrac{1}{\sqrt{2}}\right)^2=\dfrac{1}{2}$이니까

넓이의 비는

$m:n=\dfrac{1}{2}:\dfrac{1}{4}=2:1$이지?

그럼 $m+n=3$이자나.

그러니까 답은 ④야.

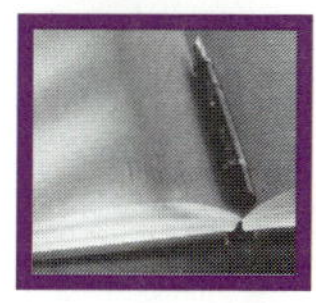

➕ Note

포물선 $y^2=ax$의 초점은 $\mathrm{F}\left(\dfrac{a}{4},0\right)$이다.

QV03 타원

원 $x^2 + y^2 = a^2$ 을 타원 $\dfrac{x^2}{a^2} + \dfrac{y^2}{b^2} = 1$로 옮기는 일차 변환을 나타내는 행렬은?

① $\begin{pmatrix} a & 0 \\ 0 & b \end{pmatrix}$
② $\begin{pmatrix} 0 & 1 \\ \dfrac{b}{a} & 0 \end{pmatrix}$
③ $\begin{pmatrix} 0 & 1 \\ \dfrac{a}{b} & 0 \end{pmatrix}$

④ $\begin{pmatrix} 1 & 0 \\ 0 & \dfrac{a}{b} \end{pmatrix}$
⑤ $\begin{pmatrix} 1 & 0 \\ 0 & \dfrac{b}{a} \end{pmatrix}$

원 위의 점 $(0, a)$를 점 $(0, b)$로 옮길 수 있는 걸 찾아보자구. x좌표는 그대로 0이니까 1행이 $(1 \ 0)$인 걸 찾으면 돼. 그럼 ④, ⑤가 정답 후보야.

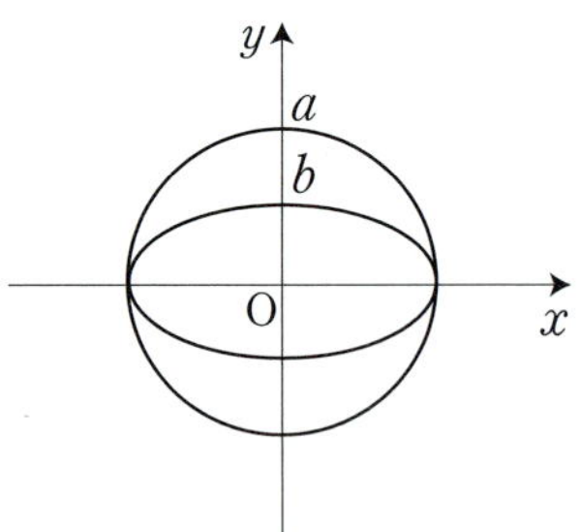

자 ~ 2차전 가자 …

y좌표가 a에서 b로 옮겨졌지? 그럼 2행이 $\left(0 \quad \dfrac{b}{a} \right)$이면 되자나. 그러니까 답은 ⑤야.

QV04　타원

> 일차변환 $f : \begin{pmatrix} x' \\ y' \end{pmatrix} = \begin{pmatrix} 3 & 0 \\ 0 & 4 \end{pmatrix} \begin{pmatrix} x \\ y \end{pmatrix}$에 의하여 원
>
> $x^2 + y^2 = 1$이 타원이 된다고 할 때, 타원의 장축의 길이를 구하여라.

원의 동서남북 4개의 점이
어디로 가는가를 보자구.
변환 f에 의해 동쪽 점 $(1, 0)$은
점 $(3, 0)$으로 가지?
서쪽 점 $(-1, 0)$은 점 $(-3, 0)$으로 가구…
또, 남쪽 점 $(0, -1)$은 점 $(0, -4)$로 가지?
북쪽 점 $(0, 1)$은 점 $(0, 4)$로 가자나.
요로케 생긴 타원이 된다구.

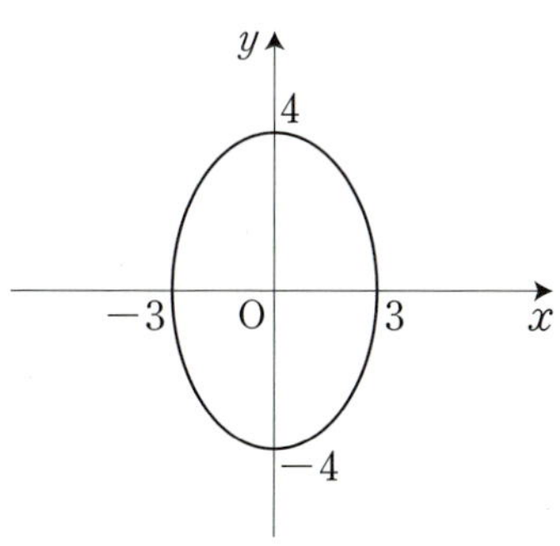

그럼 장축은 $(0, -4)$와 $(0, 4)$ 사이의 거리야.
그러니까 답은 8이야.

QV05 **타원**

다음 그림과 같이 장축 AB의 길이가 $2a$, 단축 CD의 길이가 $2b$인 타원이 있다. 타원 위의 두 점 A, B 이외의 점 P에서 $\overline{AB}$에 내린 수선의 발을 Q라고 하자. 이 때, $\overline{PQ}^2 : \overline{AQ} \cdot \overline{BQ}$ 는?

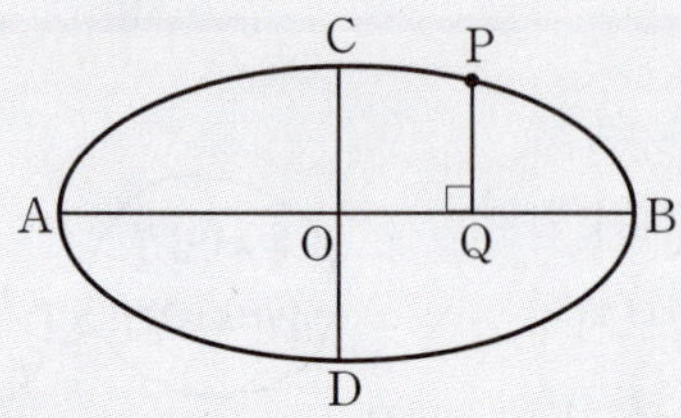

① $a : b$ ② $a^2 : b^2$ ③ $b : a$

④ $b^2 : a^2$ ⑤ $b^4 : a^4$

P=C, Q=O가 되도록 타원 위의 두 점 P, Q를 잡아 봐.

그럼 $\overline{PQ} = \overline{CO} = b$ 이자나.

$\overline{PQ}^2 = b^2$ 이구 $\overline{AQ} \cdot \overline{BQ} = a \cdot a = a^2$ 이니까

$\overline{PQ}^2 : \overline{AQ} \cdot \overline{BQ} = b^2 : a^2$ 이야. **그러니까 답은 ④야.**

1 일차변환 $f : (x, y) \to (x, 2y)$에 의하여 원 $x^2 + y^2 = 4$는 어떤 도형으로 옮겨지는가?

① $x^2 + 4y^2 = 4$ ② $x^2 + 2y^2 = 4$ ③ $4x^2 + y^2 = 1$

④ $\dfrac{x^2}{16} + \dfrac{y^2}{4} = 1$ ⑤ $\dfrac{x^2}{4} + \dfrac{y^2}{16} = 1$

2 점 $P(x, y)$가 다음을 만족한다.

$x \sec^2 \theta = 3 - 3 \tan^2 \theta$

$y \sec^2 \theta = 4 \tan \theta$

이 때, 점 P의 자취의 방정식은?

① $2x^2 + 3y^2 = 6$　　　② $3x^2 + 2y^2 = 6$

③ $3x^2 + 4y^2 = 12$　　　④ $4x^2 + 9y^2 = 36$

⑤ $9x^2 + 4y^2 = 36$

다음은 타원 $\dfrac{x^2}{a^2}+\dfrac{y^2}{b^2}=1$의 초점을 지나고 주축에

수직인 현의 길이를 구하는 과정이다.(단, $a>b>0$)

오른쪽 그림과 같이 두 초점을 F, F′이라고 하고 점 F를 지나 x축에 수직인 현을 AB라고 하면

$$\overline{AF'}+\overline{AF}=\boxed{(가)},$$
$$\overline{AF'}^2-\overline{AF}^2=\overline{FF'}^2$$
$$\therefore\ \overline{AF'}-\overline{AF}=2\left(a-\dfrac{b^2}{a}\right)$$

따라서 $2\overline{AF}=\boxed{(나)}$ 이므로 $\overline{AB}=\boxed{(다)}$

위의 (가), (나), (다)에 알맞은 것을 차례대로 나열하면?

① $2a,\ \dfrac{2b^2}{a},\ \dfrac{2b^2}{a}$

② $2b,\ \dfrac{2b^2}{a},\ \dfrac{2b^2}{a}$

③ $2a,\ 4(a^2+b^2),\ \dfrac{2b^2}{a}$

④ $2a,\ 4(a^2+b^2),\ 4(a^2+b^2)$

⑤ $2b,\ 4(a^2+b^2),\ 2\left(a-\dfrac{b^2}{a}\right)$

$a=2$이구 $b=1$이라구 해 봐.

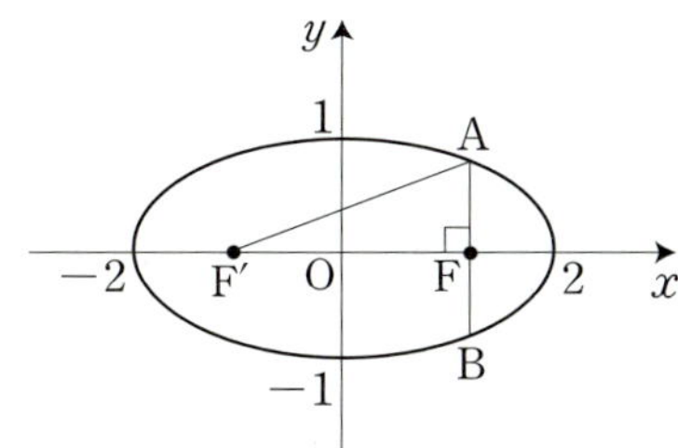

$\overline{\mathrm{AF'}}+\overline{\mathrm{AF}}=$ (장축의 길이)$=4$이니까

(가)$=4$인 걸 보기에서 찾으면 ①, ③, ④야.

자 ~ 2차전 가자 …

초점 F의 좌표를 $(p,\,0)$이라구 하자구.

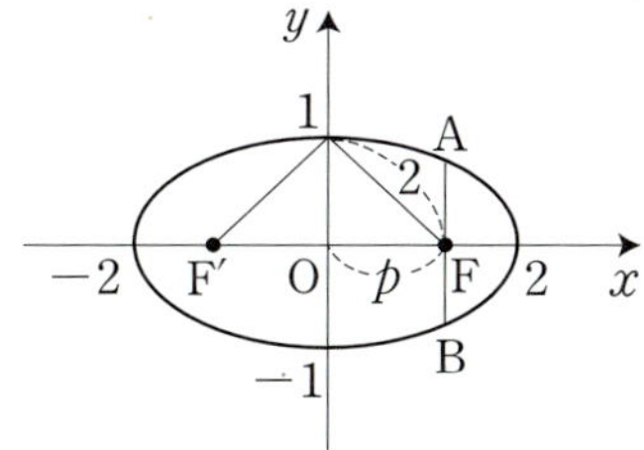

$p^2+1^2=2^2$ 이니까 $p=\sqrt{3}$ 이지?

그럼 $\mathrm{A}\left(\sqrt{3},\,\dfrac{1}{2}\right)$ 이자나.

$\overline{\mathrm{AF}}=\dfrac{1}{2}$ 이니까 $2\overline{\mathrm{AF}}=1$ 이군.

요번엔 (나)$=1$인 것을 찾아보라구. ①이지?

그러니까 ①이 답이야.

다음 그림과 같이 타원 $\dfrac{x^2}{a^2}+\dfrac{y^2}{b^2}=1$의 초점 $F(c, 0)$을 지나는 직선이 타원과 만나는 점을 각각 P, Q라고 하고 직선 PQ가 x축의 양의 방향과 이루는 각의 크기를 θ라고 하자. $\overline{PF}$를 a, b, c와 θ를 사용하여 나타내면? (단, $a>b>0, c>0$)

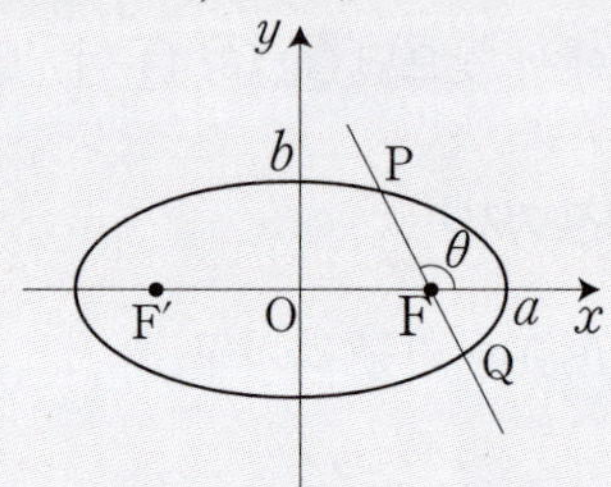

① $\dfrac{c^2}{a-b\cos\theta}$

② $\dfrac{c^2}{a+b\cos\theta}$

③ $\dfrac{b^2}{a-c\cos\theta}$

④ $\dfrac{b^2}{a+c\cos\theta}$

⑤ $\dfrac{a+c\cos\theta}{a-b\cos\theta}$

$\theta=0$이라구 해 봐. 그럴래면 요로케 두 점 P, Q를 택하면 돼.

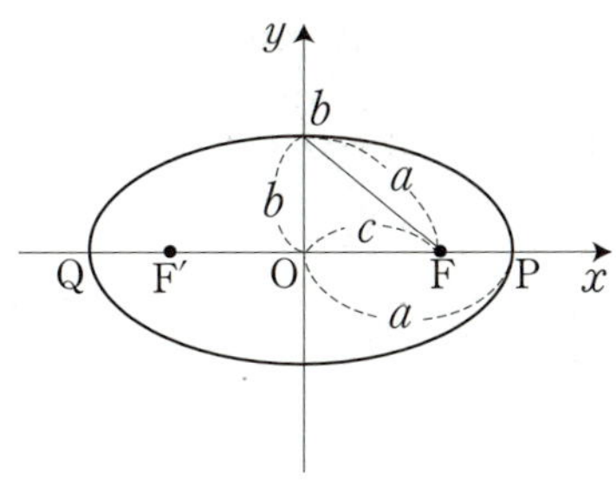

그럼 $\overline{PF}=a-c$이지?

보기에서 $\theta=0$을 넣으면 $a-c$가 되는 걸 찾아봐.

④를 볼래?

$a^2=b^2+c^2$이니까 $\theta=0$이면

$$\frac{b^2}{a+c}=\frac{a^2-c^2}{a+c}=a-c\text{이지?}$$

그럼 ④가 답이야.

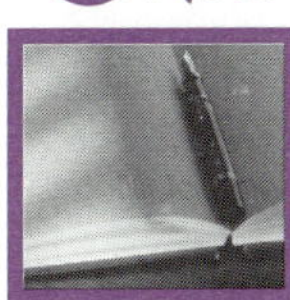

점 $(0, b)$가 타원 위의 점이므로 두 초점으로부터의 거리의 합이 장축의 길이의 2배이다. 그러므로 점 $(0, b)$와 점 F 사이의 거리는 a가 된다.

QV 08 타원

타원 $\dfrac{x^2}{a^2}+\dfrac{y^2}{b^2}=1$에 내접하고 두 변이 좌표축에 평행한 직사각형의 넓이 S의 최대값은?(단, $a>b>0$)

① ab　　　　② $\sqrt{2}\,ab$　　　　③ $2ab$

④ $\dfrac{5}{2}\,ab$　　　　⑤ $3ab$

$a=b=1$이라구 하면 원이 되지?

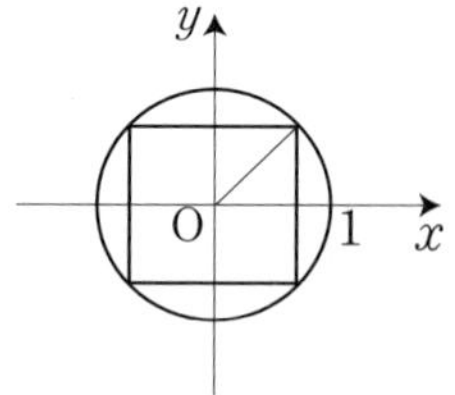

요 땐 내접하는 정사각형의 넓이가 최대가 된다구.

정사각형의 한 변의 길이는 $2\times\dfrac{\sqrt{2}}{2}=\sqrt{2}$이구

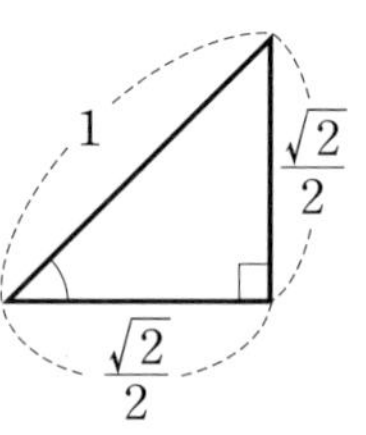

넓이는 $S=(\sqrt{2})^2=2$이거든…

그럼 보기에서 2가 되는 걸 찾아봐.

③이지? **그러니까 답은 ③이야.**

gimmyoung math

3 다음 그림과 같이 타원 $\dfrac{x^2}{a^2}+\dfrac{y^2}{b^2}=1$의 초점 $F(c, 0)$을 지나는 직선이 타원과 만나는 점을 각각 P, Q라 하고 직선 PQ가 x축의 양의 방향과 이루는 각의 크기를 θ라 하자. 이 때, $\dfrac{1}{\overline{PF}}+\dfrac{1}{\overline{QF}}$의 값은? (단, $a>b>0$, $c>0$)

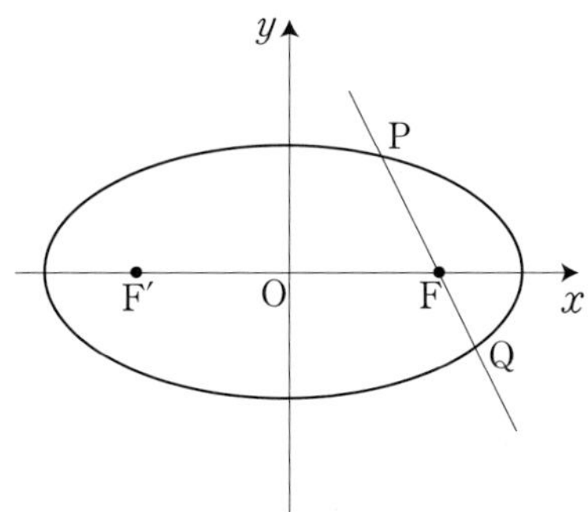

① $\dfrac{a}{b^2}$ ② $\dfrac{b}{a^2}$ ③ $\dfrac{2a}{b^2}$

④ $\dfrac{2b}{a^2}$ ⑤ $\dfrac{ab}{a^2+b^2}$

gimmyoung math

QV 09 쌍곡선

쌍곡선 $\dfrac{x^2}{a^2}-\dfrac{y^2}{b^2}=1$ 위의 한 점 $P(x_1, y_1)$에서 두 점근선에 이르는 거리의 곱은?(단, a, b는 상수)

① $\dfrac{ab}{a^2+b^2}$ ② $\dfrac{2ab}{a^2+b^2}$ ③ $\dfrac{a^2 b^2}{a^2+b^2}$

④ $\dfrac{2a^2 b^2}{a^2+b^2}$ ⑤ a^2+b^2

$a=b=1$이라구 해 봐.

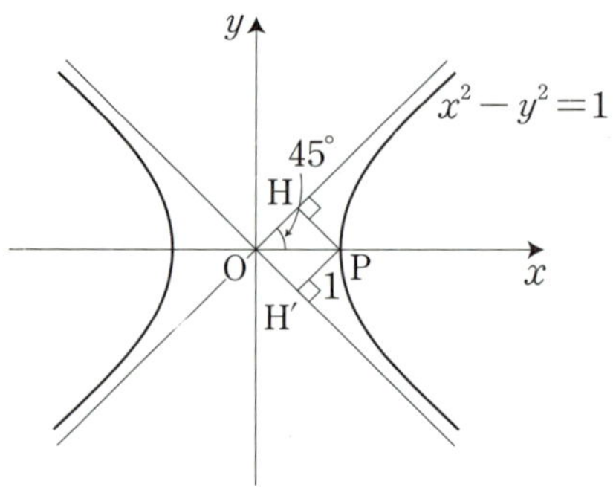

글구 P를 꼭지점 $(1, 0)$이라구 해 봐.

그럼 $\overline{\text{OP}}=1$이구 $\angle\text{HOP}=45°$이니까

$$\overline{\text{PH}} \cdot \overline{\text{PH}'} = \frac{1}{\sqrt{2}} \times \frac{1}{\sqrt{2}} = \frac{1}{2} \text{이지?}$$

보기에서 $\frac{1}{2}$이 되는 걸 찾아보라구.

①, ③이 정답 후보군.

 **자 ~ 2차전 가자 …**

$a=b=2$라구 해 봐.

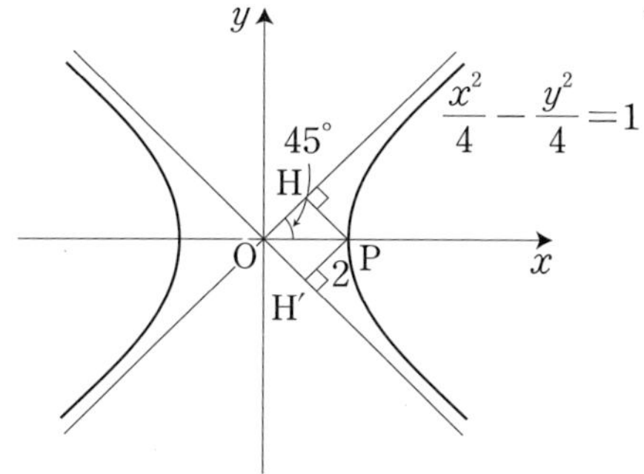

그럼 $\overline{\text{OP}}=2$이구 $\angle\text{HOP}=45°$이니까

$$\overline{\text{PH}} \cdot \overline{\text{PH}'} = \sqrt{2} \times \sqrt{2} = 2 \text{이지?}$$

①, ③에서 2가 되는 걸 찾아봐. ③이지?

그러니까 답은 ③이야.

다음 그림에서 쌍곡선 $\dfrac{x^2}{a^2} - \dfrac{y^2}{b^2} = 1$ 위의 점 P를 지나고 x축에 평행한 직선이 쌍곡선 $\dfrac{x^2}{a^2} - \dfrac{y^2}{b^2} = -1$과 만나는 점을 각각 Q, R라고 할 때, $\overline{PQ} \cdot \overline{PR}$의 값은?

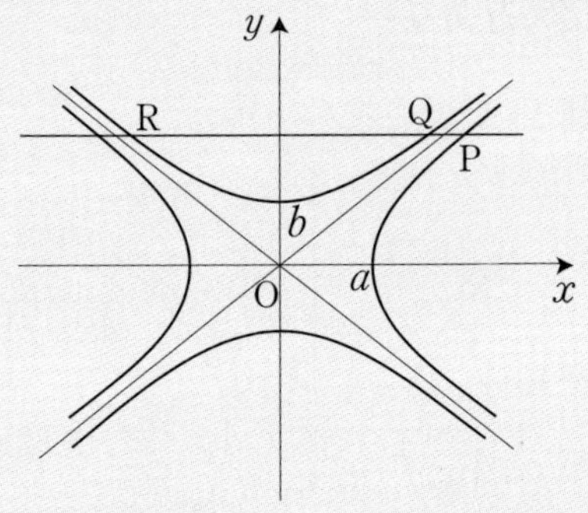

① $2a^2$　　② $2b^2$　　③ $2ab$

④ $a^2 + b^2$　　⑤ $a^2 - b^2$

R=Q가 되도록 x축에 평행한 직선을 잡아 봐.

글구 $a=2$, $b=1$이라구 하면 요로케 되자나.

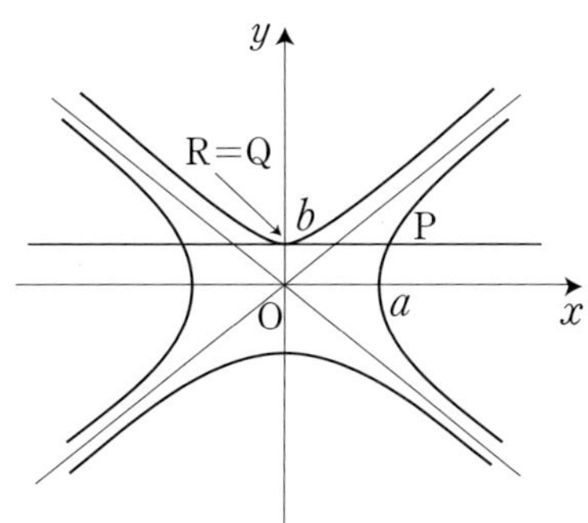

그럼 $\overline{PQ}=\overline{PR}$이지?

P의 좌표를 구해 보자구.

점 P는 쌍곡선 $\dfrac{x^2}{2^2}-\dfrac{y^2}{1^2}=1$과 직선 $y=1$의 교점이니까…

P$(2\sqrt{2},\,1)$이거든.

그럼 $\overline{PQ}\cdot\overline{PR}=(2\sqrt{2})^2=8$이지?

보기에서 8이 되는 걸 찾아봐.

①이지?

그러니까 답은 ①이야.

QV11 **벡터의 연산**

오른쪽 그림에서 12개의 작은 사각형은 모두 합동인 정사각형이다. $\vec{c}=m\vec{a}+n\vec{b}$ 를 만족하는 실수 m, n의 합 $m+n$의 값은?

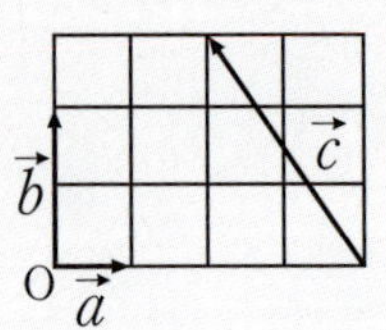

① -1　　② $-\dfrac{1}{2}$　　③ 0

④ $\dfrac{1}{2}$　　⑤ 1

$\vec{a}=(1,0)$, $\vec{b}=(0,2)$이라구 해 봐.

그럼 $\vec{c}=(-2,3)=-2\vec{a}+\dfrac{3}{2}\vec{b}$ 이니까

$m=-2$, $n=\dfrac{3}{2}$이지?

$m+n=-2+\dfrac{3}{2}=-\dfrac{1}{2}$ 이니까

답은 ②야.

QV 12 　벡터의 연산

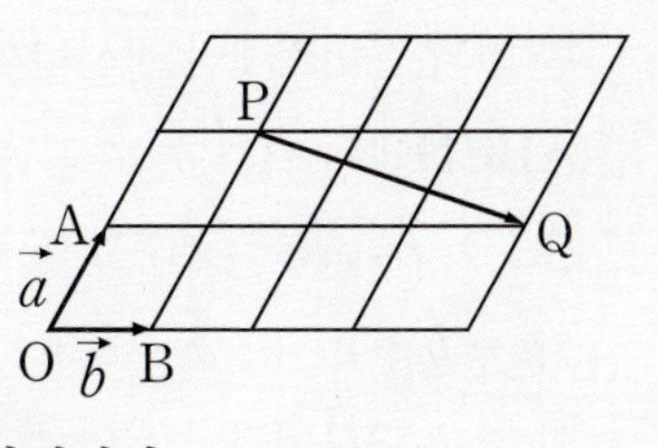

오른쪽 그림과 같이 간격이 같은 평행선으로 이루어진 도형이 있다. $\overrightarrow{OA}=\vec{a}, \overrightarrow{OB}=\vec{b}$ 라고 할 때, $\overrightarrow{PQ}$ 를 $\vec{a}, \vec{b}$ 로 나타내어라.

평행사변형을 요로케 직사각형으로 바꿔 봐.

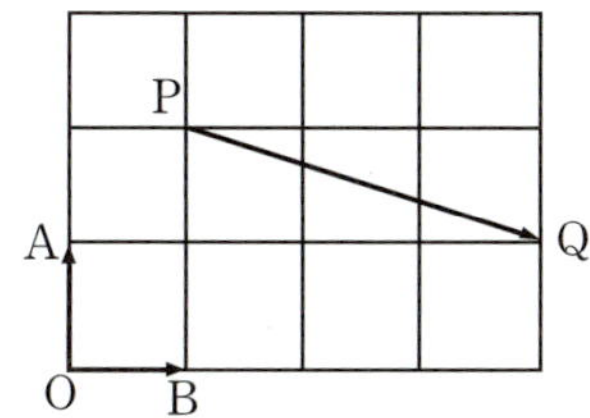

그럼 $\vec{b}=(1, 0), \vec{a}=(0, 1)$ 이라구 생각할 수 있지?

이 때 $P(1, 2), Q(4, 1)$ 이니까

$\overrightarrow{PQ}=(4, 1)-(1, 2)=(3, -1)=3\vec{b}-\vec{a}$ 라구.

그러니까 답은 $3\vec{b}-\vec{a}$ 야.

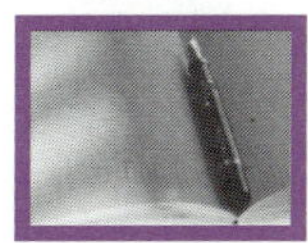

평행사변형을 직사각형으로 바꾸어 생각한다.

한 변의 길이가 1인 정사각형 ABCD에서 $\overrightarrow{AB} = \vec{a}$, $\overrightarrow{BC} = \vec{b}$, $\overrightarrow{AC} = \vec{c}$라고 할 때, $|\vec{a} + \vec{b} + \vec{c}| + |\vec{a} - \vec{b} + \vec{c}|$ 의 값을 구하여라.

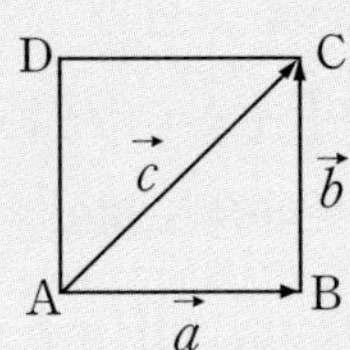

아래 그림과 같이 정사각형 ABCD를 잡아 봐.

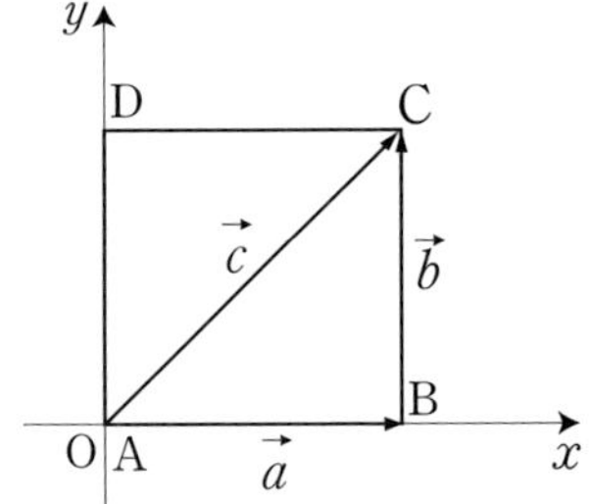

$\vec{a} = (1, 0), \vec{b} = (0, 1), \vec{c} = (1, 1)$이니까

$$|\vec{a} + \vec{b} + \vec{c}| + |\vec{a} - \vec{b} + \vec{c}|$$
$$= |\sqrt{2^2 + 2^2}| + |\sqrt{2^2 + 0^2}| = 2\sqrt{2} + 2$$이지?

그러니까 답은 $2\sqrt{2} + 2$야.

➕ Note

사각형의 한 꼭지점이 원점이 되도록 택하면 편리하다.

4 오른쪽 그림과 같은 평행사변형 OABC에서 각 변의 중점을 D, E, F, G라고 하고 $\overline{DF}$와 $\overline{EG}$의 교점을 H라고 하자. $\overrightarrow{OD}=\vec{a}$, $\overrightarrow{OG}=\vec{b}$ 일 때, $\overrightarrow{FA}+\overrightarrow{AH}+\dfrac{3}{2}\overrightarrow{BC}$를 $\vec{a}$, $\vec{b}$로 나타내어라.

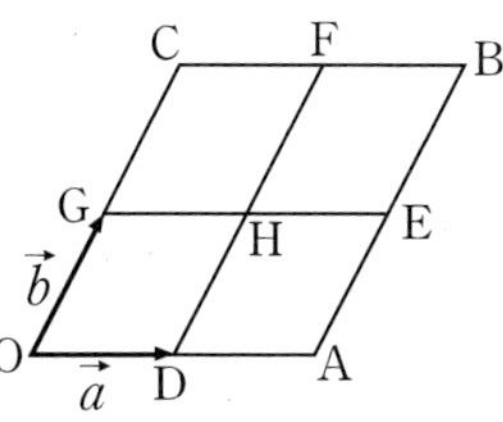

5 다음 그림에서 $\overline{AB}$의 중점을 M, $\overline{AC}$를 $2:1$로 내분하는 점을 N, $\overrightarrow{AB}=\vec{a}$, $\overrightarrow{AC}=\vec{b}$라고 할 때, $\overrightarrow{MN}+\overrightarrow{MC}$를 $\vec{a}$, $\vec{b}$로 나타내어라.

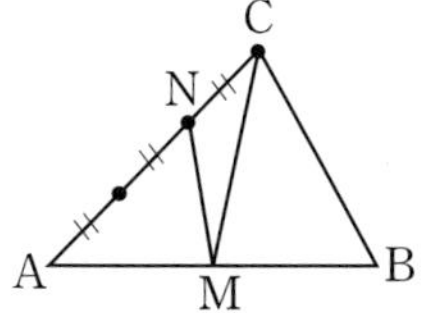

좌표평면 위의 세 점 P, Q, R가 다음 두 조건 (A), (B)를 만족한다.

> (A) 두 점 P, Q는 직선 $y=x$에 대하여 대칭이다.
>
> (B) $\overrightarrow{OP}+\overrightarrow{OQ}=\overrightarrow{OR}$ (단, O는 원점)

점 P가 원점을 중심으로 하는 단위원 위를 움직일 때, 점 R가 그리는 도형의 길이를 구하여라.

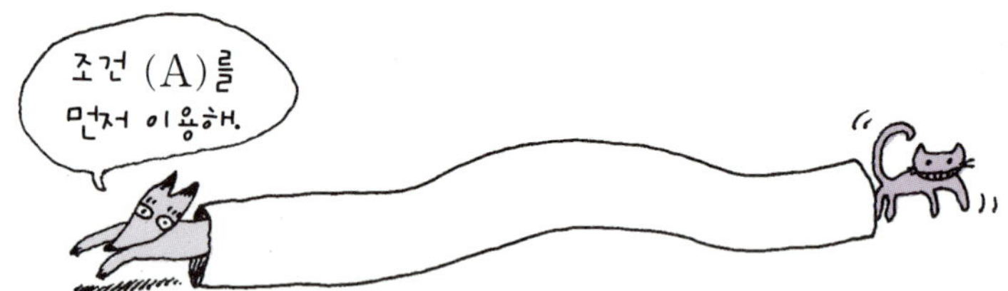

P, Q를 $y=x$에 대하여 대칭인 점으로 적당히 택해 봐.

요로케…

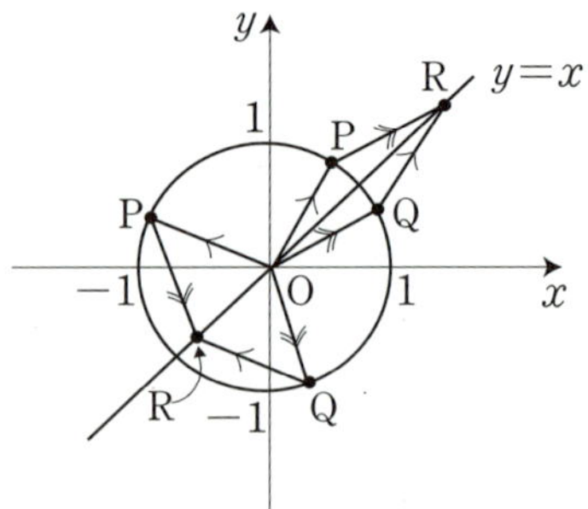

어랏! 어떻게 잡아도 $\overrightarrow{OP}+\overrightarrow{OQ}=\overrightarrow{OR}$인 점 R는 $y=x$ 위에 있지?

선분 위를 움직이자나!

그럼 요번엔 선분의 길이를 구해 보자구.

점 P, Q가 어디에 오면 점 R가 원점으로부터 가장 먼 거리에 있을까?

아래 그림을 보라구!

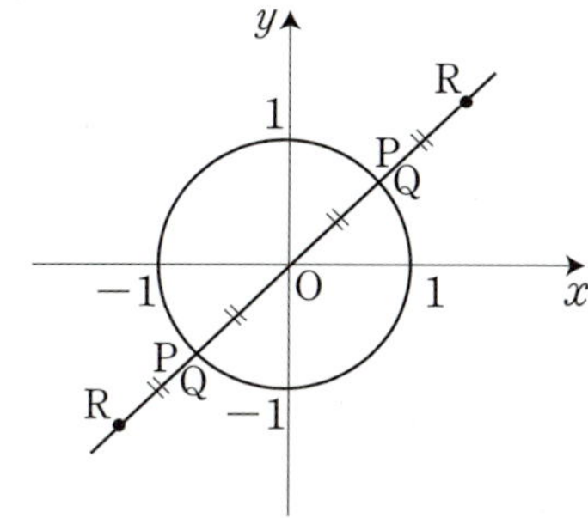

단위원과 직선 $y=x$가 만나는 점에 P가 오면 P=Q가 되지?

그럼 $\overline{OR}=2\overline{OP}$ 가 되는군.

이 때, 구하는 길이 $2\overline{OR}=4\overline{OP}=4$야.

그러니까 구하는 도형의 길이는 4라구.

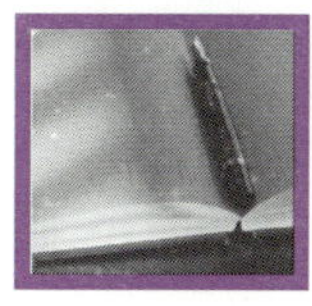

그래프 위에 조건을 나타내는 문제는 극단적인 경우를 보이면 경계가 되는 값을 얻을 수 있다.

QV 15 벡터와 연산

다음 그림에서 두 개의 반지름 OA, OB는 서로 수직이고 $\overrightarrow{OC}$는 $\angle AOB$의 이등분선이다. $\overrightarrow{OA}=\vec{a}$, $\overrightarrow{OB}=\vec{b}$라고 할 때, $\overrightarrow{OC}$를 $m\vec{a}+n\vec{b}$로 나타내려고 한다. 이 때, 양수 m, n의 값을 구하여라.

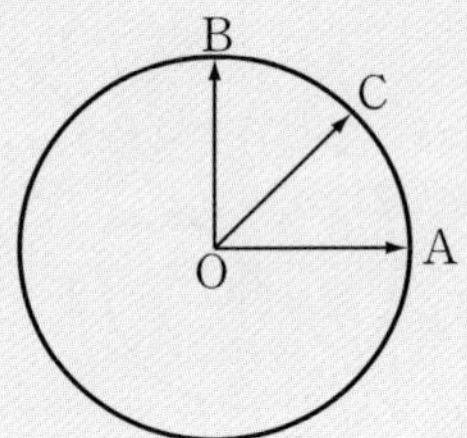

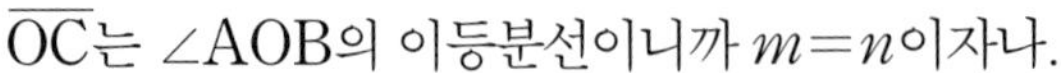

$\vec{a}=(1,\,0)$, $\vec{b}=(0,\,1)$을 택해 봐.

그럼 $\overrightarrow{OC}=(m,\,n)$이지?

C가 원 위의 점이니까

$m^2+n^2=1$이지?

$\overrightarrow{OC}$는 $\angle AOB$의 이등분선이니까 $m=n$이자나.

그럼 $2m^2=1$에서 m, n은 양수이니까

$m=n=\dfrac{\sqrt{2}}{2}$이군.

그러니까 답은 $m=\dfrac{\sqrt{2}}{2}$, $n=\dfrac{\sqrt{2}}{2}$야.

QV 16 벡터의 연산

영벡터가 아닌 서로 평행하지 않은 두 벡터 $\vec{a}, \vec{b}$ 에 대하여 다음을 만족하는 실수 m, n의 값을 구하여라.

$$m(\vec{a}-\vec{b})+n(3\vec{a}-2\vec{b})-\vec{b}$$
$$=n\vec{a}+m(-\vec{a}+2\vec{b})$$

$\vec{a}=(1, 0), \vec{b}=(0, 1)$을 택해 봐.

그럼 주어진 조건을 성분을 이용하여 나타내어 보자구.

$m(1, -1)+n(3, -2)-(0, 1)=n(1, 0)+m(-1, 2)$이니까

정리하면

$(m+3n, -m-2n-1)=(n-m, 2m)$이지?

그럼 $m+3n=n-m, -m-2n-1=2m$이군.

요걸 풀면 $m=-1, n=1$이지?

그러니까 답은 $m=-1, n=1$이야.

 **Note**

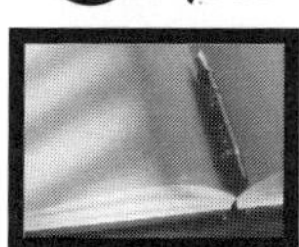
영백터가 아닌 서로 평행하지 않은 가장 간단한 두 벡터는 $\vec{a}=(1, 0), \vec{b}=(0, 1)$로 택한다.

영벡터가 아닌 서로 평행하지 않은 두 벡터 $\vec{a}$, $\vec{b}$에 대하여 세 벡터 $\overrightarrow{OA}=2\vec{a}-\vec{b}$, $\overrightarrow{OB}=\vec{a}+2\vec{b}$, $\overrightarrow{OC}=-\vec{a}+k\vec{b}$의 종점 A, B, C가 일직선 위에 있을 때, 실수 k의 값을 구하여라.

$\vec{a}=(1, 0)$, $\vec{b}=(0, 1)$을 택해 봐.

그라믄…

$\overrightarrow{OA}=(2, -1)$, $\overrightarrow{OB}=(1, 2)$, $\overrightarrow{OC}=(-1, k)$이지?

세 점 A, B, C가 일직선 위에 있으니까 실수 m에 대하여

$\overrightarrow{AC}=m\overrightarrow{AB}$가 성립하자나.

그럼 $(-3, k+1)=m(-1, 3)$이지?

$-3=-m$, $k+1=3m$이군. 요걸 풀면 $k=8$이자나.

그러니까 답은 8이야.

 *Note*

다음 공식을 잘 기억해 두자.
$$\overrightarrow{AB}=\overrightarrow{OB}-\overrightarrow{OA}$$

gimmyoung math

6 영벡터가 아닌 두 벡터 $\vec{a}, \vec{b}$가 서로 평행하지 않을 때, 다음을 만족하는 실수 k, l의 값을 구하여라.

$$(3k+2l)\vec{a}+(k-l-2)\vec{b}=(k-l)\vec{a}+(l+5)\vec{b}$$

7 영벡터가 아닌 평행하지 않은 두 벡터 $\vec{a}, \vec{b}$에 대하여 세 벡터 $\overrightarrow{OA}=\vec{a}+2\vec{b}$, $\overrightarrow{OB}=-3\vec{a}+\vec{b}$, $\overrightarrow{OC}=3\vec{a}+m\vec{b}$의 종점 A, B, C가 일직선 위에 있을 때, 실수 m의 값을 구하여라.

gimmyoung math

다음은 $\overrightarrow{OA}=\vec{a}$, $\overrightarrow{OB}=\vec{b}$ 인 OAB에서

$\angle AOB=\theta$ 라고 할 때, 그 넓이를 구하는 과정이다.

오른쪽 그림에서

$$\cos\theta=\frac{\boxed{(가)}^{2}}{|\vec{a}||\vec{b}|}$$

이므로

$$\sin\theta=\sqrt{1-\cos^2\theta}=\sqrt{\frac{|\vec{a}|^2|\vec{b}|^2-\boxed{(가)}^{2}}{\boxed{(나)}^{2}}}$$

$$\therefore S=\frac{1}{2}|\vec{a}||\vec{b}|\sin\theta$$

$$=\frac{1}{2}\sqrt{|\vec{a}|^2|\vec{b}|^2-\boxed{(가)}^{2}}$$

위의 (가), (나)에 알맞은 것을 차례대로 나열하면?

① $\vec{a}\cdot\vec{b}$, $|\vec{a}||\vec{b}|$ ② $|\vec{a}||\vec{b}|$, $\vec{a}\cdot\vec{b}$

③ $\vec{a}\cdot\vec{b}$, $|\vec{a}-\vec{b}|$ ④ $|\vec{a}||\vec{b}|$, $|\vec{a}-\vec{b}|$

⑤ $|\vec{a}-\vec{b}|$, $|\vec{a}||\vec{b}|$

요로케 직각삼각형을 택해 봐.

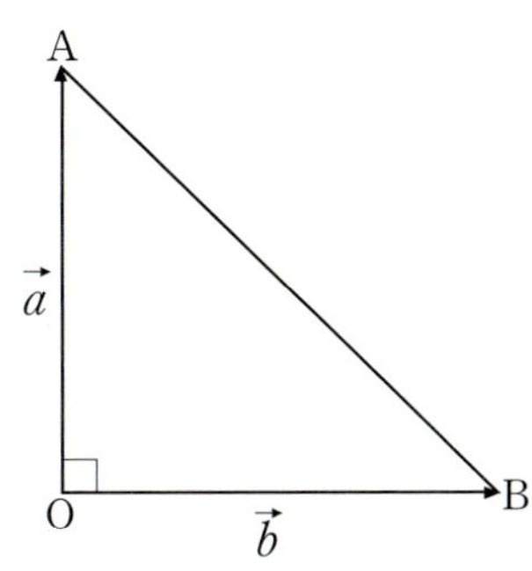

$\vec{a}=(0,1),\ \vec{b}=(1,0)$이라구 해 봐.

그럼 $\vec{a}\cdot\vec{b}=0$이구 $|\vec{a}|=|\vec{b}|=1$이자나.

$\theta=90^\circ$이니까 (가)$=\vec{a}\cdot\vec{b}=0$이지?

그럼 ①, ③이 정답 후보야.

▌자 ~ 2차전 가자 …

또 $\sin\theta=\sqrt{1-\cos^2\theta}=\sqrt{\dfrac{|\vec{a}|^2\,|\vec{b}|^2-\boxed{\text{(가)}}^{\,2}}{\boxed{\text{(나)}}^{\,2}}}$ 에서

$\theta=90^\circ$이니까 (나)$=|\vec{a}|\,|\vec{b}|=1$이지?

그럼 답은 ①이야.

두 벡터 $\vec{a},\vec{b}$가 수직이면 $\vec{a}\cdot\vec{b}=0$임을 기억하자.

QV 19 | **벡터의 내적**

이차방정식 $x^2 - ax + b = 0$의 두 실근을 α, β라 할 때, $|\overrightarrow{OA}| = \alpha$, $|\overrightarrow{OB}| = \beta$, $|\overrightarrow{AB}| = 1$인 $\triangle OAB$에 대하여 두 벡터 $\overrightarrow{OA}$와 $\overrightarrow{OB}$의 내적을 a, b로 나타내면?

① ab

② $a^2 - 2b$

③ $b^2 - 2a - 1$

④ $\dfrac{1}{2}(a^2 - 2b - 1)$

⑤ $\dfrac{1}{2}(b^2 - 2a - 1)$

아래와 같이 삼각형을 잡아 봐.

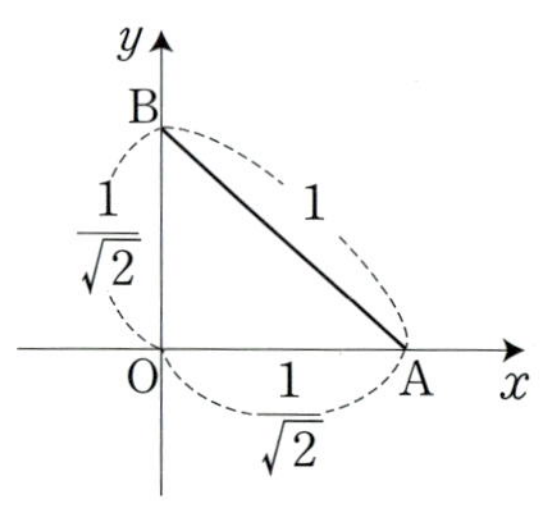

그럼 $\alpha = \beta = \dfrac{1}{\sqrt{2}}$ 이니까 $x^2 - \sqrt{2}\,x + \dfrac{1}{2} = 0$이지?

그라믄 $a = \sqrt{2}$, $b = \dfrac{1}{2}$ 이지?

$\overrightarrow{OA} \cdot \overrightarrow{OB} = 0$이자나.

보기에 $a = \sqrt{2}$, $b = \dfrac{1}{2}$ 을 넣어 0인 걸 찾아봐. ④이지?

그럼 ④가 답이야.

QV20 벡터와 영역

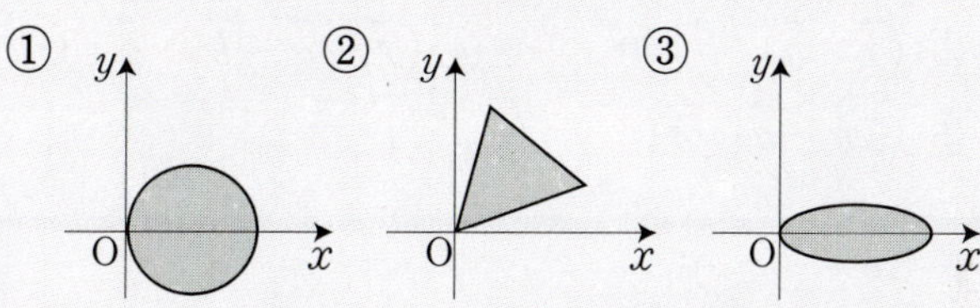

두 벡터 $\vec{a}=(3, 1)$, $\vec{b}=(1, 4)$에 대하여 벡터 $\overrightarrow{OP}=\alpha\vec{a}+\beta\vec{b}$ 의 종점 $P(x, y)$의 존재 범위를 그림으로 나타내면? (단, $\alpha+\beta\leq2$, $\alpha\geq0$, $\beta\geq0$)

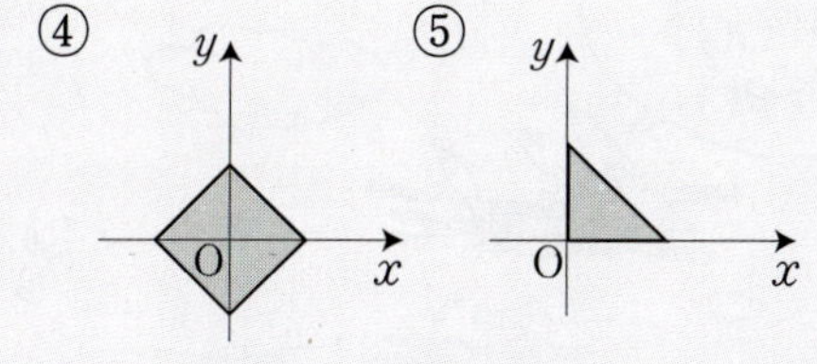

$\alpha+\beta\leq2$를 만족하는 가장 간단한 α, β를 잡아 봐.

$\alpha=0$, $\beta=2$일 때, $\overrightarrow{OP}=2\vec{b}=(2, 8)$이지?

$\alpha=2$, $\beta=0$일 때, $\overrightarrow{OP}=2\vec{a}=(6, 2)$이지?

보기에서 두 점 $(2, 8)$, $(6, 2)$를 포함할 것 같은 그림을 찾아봐.

②라구?

마저! ②가 답이야.

QV 21 벡터방정식

$\overrightarrow{OA}=\vec{a}$, $\overrightarrow{OB}=\vec{b}$인 $\triangle OAB$에서 무게중심 G를 지나고, 변 OB에 수직인 직선의 벡터방정식은?

① $(\vec{x}+\vec{a})\cdot\vec{b}=0$ 　　② $(\vec{x}+\vec{b})\cdot\vec{a}=0$

③ $(\vec{x}-\vec{a})\cdot\vec{b}=0$ 　　④ $(\vec{x}-\vec{a}-\vec{b})\cdot\vec{a}=0$

⑤ $(3\vec{x}-\vec{a}-\vec{b})\cdot\vec{b}=0$

요로케 좌표평면 위에 $\triangle OAB$를 그려 봐.

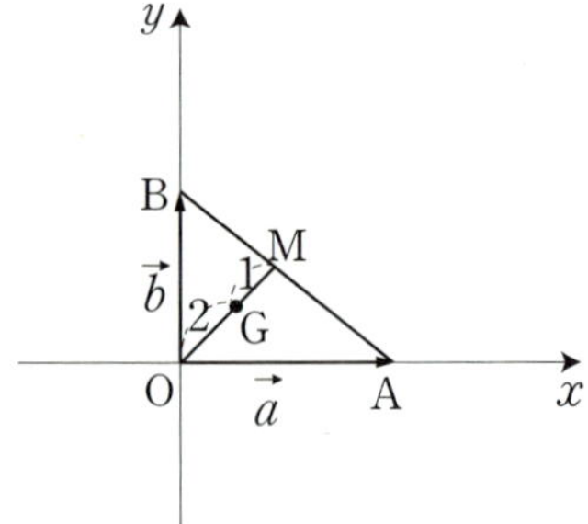

무게중심 G의 위치벡터는

$$\overrightarrow{OG}=\frac{2}{3}\overrightarrow{OM}=\frac{2}{3}\times\frac{1}{2}(\vec{a}+\vec{b})=\frac{\vec{a}+\vec{b}}{3}$$ 이지?

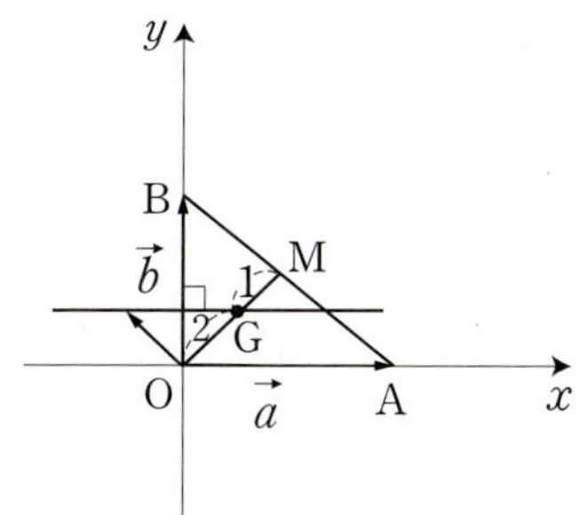

위의 그림을 보면 구하는 직선은 점 G를 지나니까

보기에서 $\vec{x}=\overrightarrow{OG}=\dfrac{\vec{a}+\vec{b}}{3}$ 일 때 성립하는 걸 찾아보자구.

⑤를 봐봐.

$$3\vec{x}-\vec{a}-\vec{b}=3\times\dfrac{\vec{a}+\vec{b}}{3}-(\vec{a}+\vec{b})=0$$ 이구

$0\cdot\vec{b}=0$ 이니까 맞지?

그럼 ⑤가 답이야.

△OAB의 무게중심 G의 위치벡터는

$$\overrightarrow{OG}=\dfrac{\overrightarrow{OA}+\overrightarrow{OB}}{3}$$ 이다.

다음은 점 P가 두 점 A, B를 이은 선분 AB 위에 있을 조건을 구하는 과정이다.

> 선분 AB 위의 임의의 점 P는 내분점이므로
> $$\overline{\text{AP}} : \overline{\text{BP}} = m : n\,(m>0,\ n>0)$$
> 이라 하면 $\overrightarrow{\text{AP}} = \boxed{(가)}\ \overrightarrow{\text{AB}}$
> $\boxed{(가)} = t$ 로 놓으면
> $$\therefore \overrightarrow{\text{AP}} = t\overrightarrow{\text{AB}}\,(0 < t < 1)$$
> 그런데 P가 A 또는 B와 일치하는 경우는
> $$m=0\ \text{또는}\ n=0 \quad \therefore 0 \leq t \leq 1$$
> A, B, P의 위치 벡터를 $\vec{a}, \vec{b}, \vec{p}$ 라고 하면
> $$\overrightarrow{\text{AP}} = \boxed{(나)},\ \overrightarrow{\text{AB}} = \vec{b} - \vec{a}\ \text{이므로}$$
> $$\boxed{(나)} = t(\vec{b} - \vec{a})$$
> $$\therefore \vec{p} = (1-t)\vec{a} + t\vec{b}\,(0 \leq t \leq 1)$$
> 여기서 $1-t = s$ 로 놓으면
> $$\vec{p} = s\vec{a} + t\vec{b},\ s+t=1,\ s \geq 0,\ t \geq 0$$

위의 (가), (나)에 알맞은 것을 차례대로 나열하면?

① $\dfrac{n}{m},\ \vec{a} - \vec{p}$　　　② $\dfrac{m}{m+n},\ \vec{a} - \vec{p}$

③ $\dfrac{m}{m+n},\ \vec{p} - \vec{a}$　　　④ $\dfrac{m+n}{m},\ \vec{a} - \vec{p}$

⑤ $\dfrac{m+n}{m},\ \vec{p} - \vec{a}$

세 점 P, A, B를 아래 그림과 같이 택해 봐.

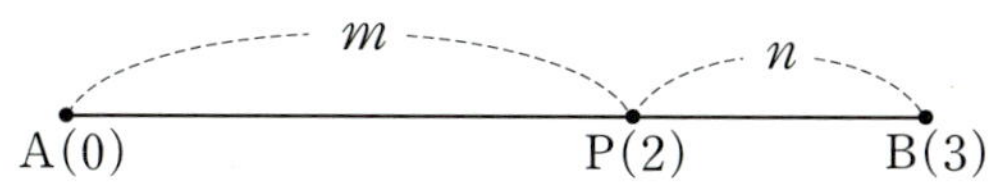

$m : n = 2 : 1$이니까

$\overrightarrow{AP} = \boxed{(가)} \overrightarrow{AB}$에서 $\overrightarrow{AP} = \dfrac{2}{3} \overrightarrow{AB}$이지?

보기에서 $(가) = \dfrac{2}{3}$인 걸 찾아봐. ②, ③이지?

자 ~ 2차전 가자 …

$\overrightarrow{AP} = (나)$에서 $\vec{a} = 0$이니까 $(나) = \vec{p}$이지?

그러니까 답은 ③이야.

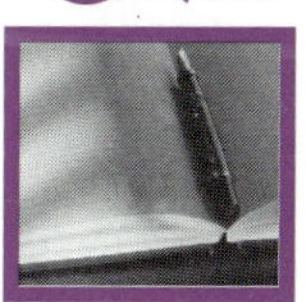

일직선 위에 있는 세 점을 다루는 문제는 세 점 중 하나를 원점으로 놓으면 편리하다.

$\vec{a}=(1,0),\ \vec{b}=(-1,4)$일 때, 위치벡터

$\vec{x}=(1-t)\vec{a}+t\vec{b}\,(0\leqq t\leqq1)$의 종점이 그리는 도형

의 방정식은?

① $x^2+(y-3)^2=25$

② $x^2-(y+2)^2=25$

③ $(x-3)^2+(y-4)^2=100$

④ $y=x^2-2\,(-1\leqq x\leqq1)$

⑤ $y=-2x+2\,(-1\leqq x\leqq1)$

$t=1$을 넣어 봐.

그럼 $\vec{x}=\vec{b}=(-1,4)$이지?

그럼 보기에 $x=-1,\ y=4$를 넣어 봐.

⑤가 성립하지?

그러니까 ⑤가 답이야.

QV 24 | 평면의 방정식

일직선 위에 있지 않은 세 점 A, B, C로 결정되는 평면을 π라 할 때, 다음과 같이 정해지는 네 점 P, Q, R, S 중에서 평면 π 위의 점을 모두 고른 것은?

$$\overrightarrow{OP} = \overrightarrow{OA} + \overrightarrow{OB} + \overrightarrow{OC}$$
$$\overrightarrow{OQ} = \overrightarrow{OA} - 2\overrightarrow{OB} + \overrightarrow{OC}$$
$$\overrightarrow{OR} = \overrightarrow{OA} + 2\overrightarrow{OB} - 2\overrightarrow{OC}$$
$$\overrightarrow{OS} = 2\overrightarrow{OA} + 2\overrightarrow{OB} - 3\overrightarrow{OC}$$

① P ② Q, R ③ R, S

④ Q, S ⑤ P, Q, R

세 점 $A(1, 0, 0)$, $B(0, 1, 0)$, $C(0, 0, 1)$을 택해 봐.

세 점은 평면 $x+y+z=1$ 위에 있어야 돼.

$\overrightarrow{OP} = \overrightarrow{OA} + \overrightarrow{OB} + \overrightarrow{OC} = (1, 1, 1)$이니까

$P(1, 1, 1)$은 $x+y+z=1$을 만족하지 않지?

그러니까 점 P는 평면 위에 없지? ②, ③, ④가 정답 후보군.

 ▌ **자~ 2차전 가자…**

$\overrightarrow{OQ} = \overrightarrow{OA} - 2\overrightarrow{OB} + \overrightarrow{OC} = (1, -2, 1)$이니까

$Q(1, -2, 1)$은 $x+y+z=1$을 만족하지 않지?

그럼 점 Q는 평면 위에 없는 거야. ②, ④는 탈락.

그럼 ③이 답이야.

다음은 원점으로부터의 거리가 p인 평면 α의 방정식을 구하는 과정이다.

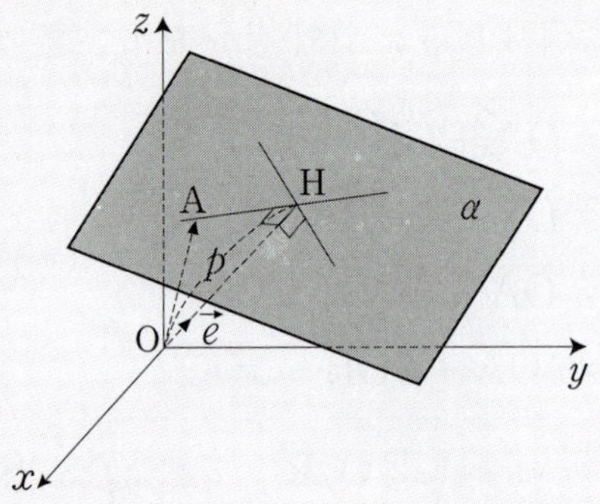

원점 O에서 평면 α에 내린 수선의 발을 H라 하고 $\overrightarrow{\text{OH}}$와 같은 방향의 단위벡터를 $\vec{e}=(l,m,n)$이라 하면 $\overrightarrow{\text{OH}}=$ (가)

따라서, 점 H(pl,pm,pn)을 지나고 $\vec{e}$에 수직인 평면의 방정식은

$$lx+my+nz=p(l^2+m^2+n^2)$$

그런데 $l^2+m^2+n^2=$ (나) 이므로 원점으로부터의 거리가 p인 평면의 방정식은

$$lx+my+nz=$$ (다)

위의 (가), (나), (다)에 알맞은 것을 차례대로 나열하면?

① $\vec{e},\ 0,\ p$ ② $p\vec{e},\ 0,\ p$ ③ $p\vec{e},\ 1,\ 1$

④ $p\vec{e},\ 1,\ p$ ⑤ $\vec{e},\ 1,\ 1$

젤루 간단한 평면을 잡아 봐.

$p=2$이구 xy 평면에 평행한 평면을 요로케 잡아 봐.

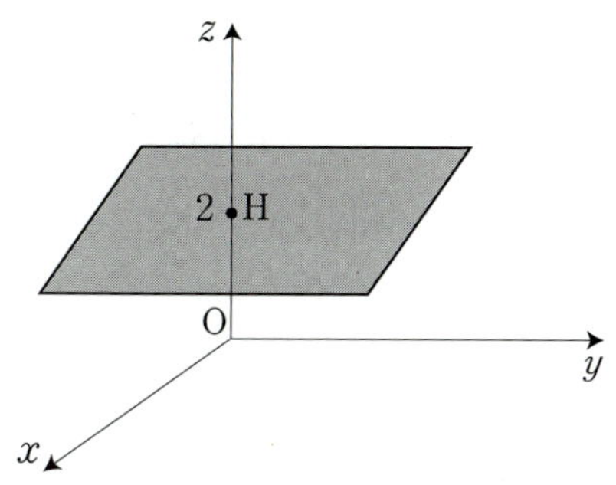

그럼 $|\overrightarrow{OH}|=2$이니까 (가)$=2\vec{e}=p\vec{e}$이지?

그럼 ②, ③, ④가 정답 후보야.

자 ~ 2차전 가자 …

평면의 방정식은 $z=2$이니까…

$0 \cdot x + 0 \cdot y + 1 \cdot z = 2$에서 $l=0,\ m=0,\ n=1$이지?

그럼 (나)$=1$이구, (다)$=2=p$이자나.

그러니까 답은 ④야.

QV26 좌표 공간

좌표공간에서 원점을 O, x축, y축, z축 위의 점을 각각 A, B, C라고 하고 $\triangle ABC$, $\triangle AOB$, $\triangle BOC$, $\triangle AOC$의 넓이를 각각 S, S_1, S_2, S_3라고 할 때, S를 S_1, S_2, S_3로 나타내면?

① $S=\sqrt{S_1^{\,2}+S_2^{\,2}+S_3^{\,2}}$

② $S=\dfrac{S_1S_2+S_2S_3+S_3S_1}{S_1^{\,2}+S_2^{\,2}+S_3^{\,2}}$

③ $S=\dfrac{S_1+S_2+S_3}{3}$

④ $S=\sqrt[3]{S_1S_2+S_2S_3+S_3S_1}$

⑤ $S=\sqrt[3]{S_1S_2S_3}$

아래 그림과 같이 간단한 세 점을 택해 봐.

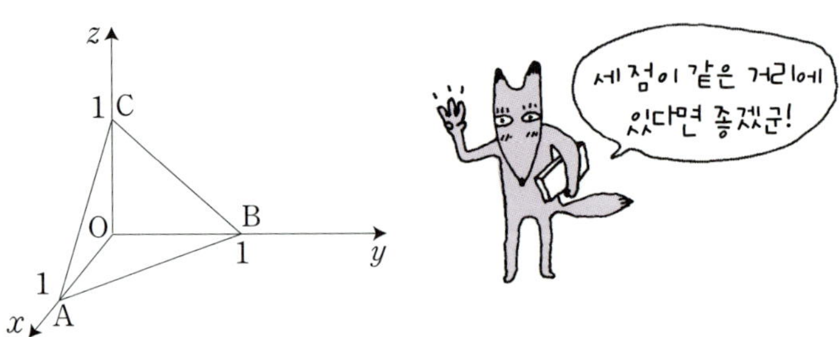

그럼 $S_1=S_2=S_3=\dfrac{1}{2}$ 이구, $S=\dfrac{\sqrt{3}}{2}$ 이지?

그러니까 답은 ①이야.

8 직선 $x-1=-2(y-1)=-3(z+1)$에 평행하고 점 $(1,-2,3)$을 지나는 직선의 방정식은?

① $x=-3(y+2)=2(z-3)$

② $3x=2(y+2)=-3(z+3)$

③ $x+1=2(y+1)=3(z-3)$

④ $x-2=-2(y+1)=3(z+2)$

⑤ $x-1=-2(y+2)=-3(z-3)$

9 좌표공간에서 구 $x^2+y^2+z^2=r^2$ 밖의 한 점 $P(a,b,c)$에서 그은 접선의 접점에 의해 결정되는 원을 포함하는 평면의 방정식은?

① $ax+by+cz=r$　　② $ax+by+cz=r^2$

③ $\dfrac{x}{a}+\dfrac{y}{b}+\dfrac{z}{c}=\dfrac{1}{r}$　　④ $\dfrac{x}{a}+\dfrac{y}{b}+\dfrac{z}{c}=r$

⑤ $\dfrac{x}{a}+\dfrac{y}{b}+\dfrac{z}{c}=r^2$

정답 및 풀이

gimmyoung math

[정답 및 풀이]

Ⅰ 방정식과 부등식

1 자세히 보면 답이 보인다구.

$a=2$를 넣으면 $x=2+\sqrt{2+\sqrt{x}}$ 이지?

요기에 $x=4$를 넣으면 등식이 성립하니까 $x=4$는 근이라구.

그럼 보기에서 $a=2$일 때 $x=4$인 걸 찾아봐. ④이지?

그러니까 ④가 답이야.

2 $2+\sqrt{f(x)}=f(x)$를 변형하면

$\sqrt{f(x)}=f(x)-2$이구,

양변을 제곱하면

$f(x)=f(x)^{2}-4f(x)+4$이지?

요걸 정리하면 $(f(x)-1)(f(x)-4)=0$이니까

$f(x)=1$ 또는 $f(x)=4$이지?

그런데 $f(x)=1$이면 원래의 방정식 $\sqrt{f(x)}=f(x)-2$가 성립하지 않자나.

그러니까 $f(x)=4$야.

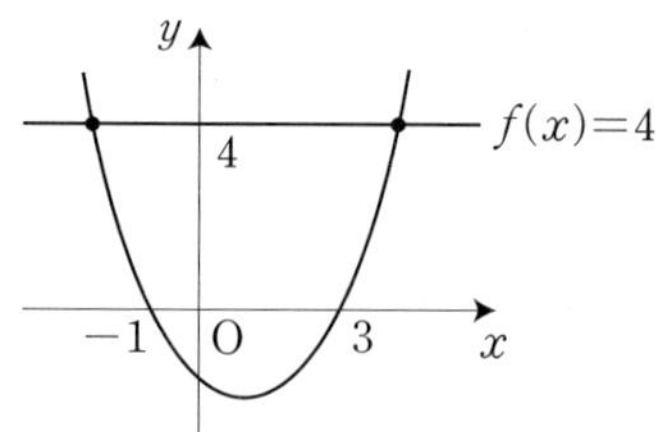

그래프가 서로 다른 두 점에서 만나니까 실근의 개수가 2개이지?

당근 답은 ②야.

3 $x=3$을 넣어 봐. 부등식을 만족하지?
보기에서 $x=3$을 포함하는 걸 찾아봐.
그럼 ③, ④, ⑤가 정답 후보야.

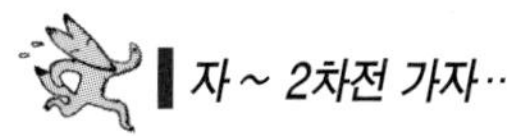

$x=1$을 넣으면 부등식을 만족하지?
그러니까 ③은 탈락이야.

$x=4$를 넣으면 부등식을 만족하지 않지?
그럼 ④는 탈락이야.
어랏! ⑤만 남네.
그럼 ⑤가 답이야.

4 $x=0$을 넣어 봐. 부등식 하나가 성립하지 않지?
그럼 ②, ③이 탈락이니까 ①, ④, ⑤가 정답 후보군.

$x=\infty$이면 두 부등식이 모두 성립하지?
그러니까 ⑤가 답이야.

5 모든 양수 x에 대해 성립하니까 $x=1$을 넣어 봐.

$$\frac{1}{1-a} < \frac{2}{1-2a}\text{이지?}$$

이 때 $a=1$과 $a=\frac{1}{2}$은 분모를 0이 되게 하니까 답이 될 수 없자나.

그럼 보기에서 $a=1$과 $a=\frac{1}{2}$이 포함되지 않는 걸 찾아봐.

②, ③이 정답 후보군.

자~ 2차전 가자…

$a=-0.5$를 넣어 봐.

$$\frac{1}{1-a}=\frac{1}{1.5}\text{이고 } \frac{2}{1-2a}=1\text{이니까 부등식이 성립하지?}$$

그러니까 ②가 답이야.

6 $a>b$인 a, b를 택하자구.

$a=2$, $b=1$이라구 하면

부등식 $\dfrac{1}{x-2} \leq \dfrac{1}{x-1}$을 푸는 문제가 되자나.

보기는 요로케 바꿔구…

① $1<x<2$ ② $2<x\leq 3$ ③ $1<x\leq 3$

④ $x<1$ 또는 $x>2$ ⑤ $-1<x<1$

$x=0$을 넣어 봐. 성립하지 않지?

그러니까 ①, ②, ③이 정답 후보야.

자~ 2차전 가자…

$x=3$을 넣어 봐. 성립하지 않지? ②, ③은 탈락이군.

그러니까 ①이 답이야.

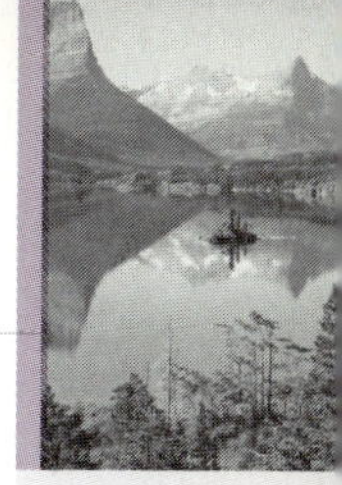

7 $x=7$을 넣어 봐. 만족하지 않지?

$x=6$을 넣어 봐. 만족하지 않지?

$x=5$을 넣어 봐. 만족하지 않지?

그럼 $x=4$는⋯ 분모를 0이 되게 하니까 안 되지?

$x=3$을 넣어 봐. 만족하지? 에게 ~ 3 하나뿐이군.

그럼 ⑤가 답이야.

8 $x=\infty$ 또는 $x=-\infty$이면 분자는 이차식이구 분모는 일차식이니까⋯

성립하지 않지?

그럼 ①, ③이 정답 후보야.

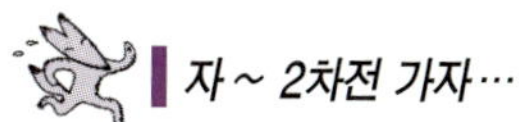

$x=\dfrac{1}{2}$을 넣어 봐. 성립하지?

그럼 ③이 답이야.

9 $x=\infty$이면 연립부등식이 성립하지 않지?

그럼 ④, ⑤는 탈락이군.

$x=2$를 넣어 봐. 연립부등식이 성립하지 않지?

①, ②, ③에서 $x=2$를 포함하지 않는 걸 찾아봐.

①이라구?

그럼 ①이 답이야.

10 $\cup$ 은 '또는' 이니까 두 부등식 중 하나만 성립해도 돼.

$x=1$이면… P가 참이지?

$x=2$이면… Q가 참이지?

$x=3$이면… 둘 다 거짓이지?

그럼 이제 0에서부터 밑으로 내려가 보자구.

$x=0$이면… 둘 다 참이지?

$x=-1$이면… 둘 다 참이지?

$x=-2$이면… 둘 다 참이지?

더 해 볼 것두 없잖나…

벌써 5개가 참이니까

답은 ⑤야.

11 $x=-\infty$이면 $f(x)$가 음$(-)$이지?

루트 안이 음$(-)$일 수는 업자나.

그럼 $x=-\infty$가 있는 건 답이 아니니까

②, ③이 정답 후보야.

$x=a$일 땔 보자구.

$f(x)=0$이구 $g(x)$는 양$(+)$이니까 부등식을 만족하지?

그러니까 ③이 답이야.

Ⅱ 함수의 극한

1 (1) 분모, 분자에서 각각 최고차항만 빼고 다 지워 봐.

그럼 $\dfrac{2x^3}{x^2}=2x$가 되지?

요기에 $\lim\limits_{x \to \infty}$ 를 때리면

$\lim\limits_{x \to \infty} 2x = \infty$지?

그럼 x가 무한대로 갈 때 발산하는 거자나.

극한값은 존재하지 않지?

그러니까 답은 발산이야.

(2) 분모, 분자에서 각각 최고차항만 빼고 다 지워 보자구.

그럼 $\dfrac{-2x^3}{2x^3}=-1$이 되지?

요기에 $\lim\limits_{x \to \infty}$ 를 때리면 그대로 -1이지?

그럼 답은 수렴하고 극한값은 -1이야.

2 분자에서 어느 게 최고차항인지 보자구.

$2x^2-\sqrt{x^3}=2x^2-x^{\frac{3}{2}}$ 이지?

x^2 이 $x^{\frac{3}{2}}$ 보다 차수가 높으니까 최고차항은 $2x^2$이라구.

그라믄 $\dfrac{2x^2}{x^2}=2$가 되지?

요기에 $\lim\limits_{x \to \infty}$ 를 때리면 그대로 2이거든.

그럼 답은 2야.

3 $a=2$, $b=1$을 넣어 봐.

그럼 주어진 식은 $\displaystyle\lim_{x\to\infty}\frac{2^{x+1}+1}{2^x+1}$이구

최고차항만 비교하면 $\displaystyle\lim_{x\to\infty}\frac{2^{x+1}}{2^x}=2$이자나.

그럼 보기에 $a=2$, $b=1$을 넣어 2인 걸 찾아봐.

⑤이지?

그러니까 답은 ⑤야.

4 $\displaystyle\lim_{x\to\infty}\frac{(어떤\ 수)}{x}=0$이라구!

즉, $\dfrac{(어떤\ 수)}{\infty}$ 는 0으로 수렴하자나.

(1) $-1\leq\cos 2x\leq 1$이지?

그라믄 $\cos 2x$의 값은 분명 어떤 수이니까

$$\lim_{x\to\infty}\frac{\cos 2x}{x}=0$$이라구.

그럼 답은 0이야.

(2) $(-1)^x$ 을 봐봐.

x가 짝수이면 1이구, x가 홀수이면 -1이지?
암튼 어떤 수임은 분명하자나.

그러니까 $\displaystyle\lim_{x\to\infty}\frac{(-1)^x}{x}=0$이라구.

당근 답은 0이야.

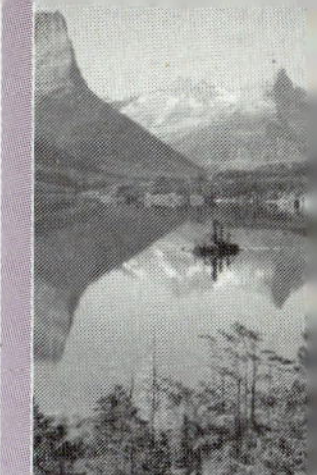

5 (1) 분모, 분자를 미분해 봐.

$$\frac{3x^2-8x+5}{3x^2-2x-1}\text{이지?}$$

요기에 $x=1$을 넣어 봐.

$\dfrac{0}{0}$ 이라구?

그럼 한번 더 미분해 봐.

$$\frac{6x-8}{6x-2}\text{이지?}$$

요기에 $x=1$을 넣어 봐. $-\dfrac{1}{2}$ 이라구?

그럼 답은 $-\dfrac{1}{2}$ 이야.

(2) 분모, 분자를 미분해 봐.

$$\frac{10x^9-2}{1}\text{이지?}$$

요기에 $x=1$을 넣어 봐. 8이라구?

그럼 답은 8이야.

6 분모, 분자를 미분해 봐.

$$\frac{\dfrac{1}{2\sqrt{1+x}}}{1}\text{이야.}$$

요기에 $x=0$을 넣어 봐. $\dfrac{1}{2}$ 이지?

그럼 답은 $\dfrac{1}{2}$ 이야.

7 $\dfrac{0}{0}$ 꼴이지?

분모, 분자를 미분해 봐.

$$\dfrac{8 \cdot 4x^3}{(x^2-1)f'(x)+2xf(x)}$$ 이지?

요기에 $x=1$을 넣으면 1이 되어야 한다구.

그럼 $\dfrac{32}{0+2f(1)}=1$ 에서 $f(1)=16$ 이야.

그러니까 답은 16이라구.

8 $\dfrac{0}{0}$ 꼴이니까…

분모, 분자를 미분해 봐.

$$\dfrac{nx^{n-1}-4}{1}$$ 이지?

요기에 $x=1$을 넣으면 6이 되어야 한다구.

그럼 $n-4=6$ 에서 $n=10$ 이지?

그러니까 답은 10 이야.

Ⅲ 미분법

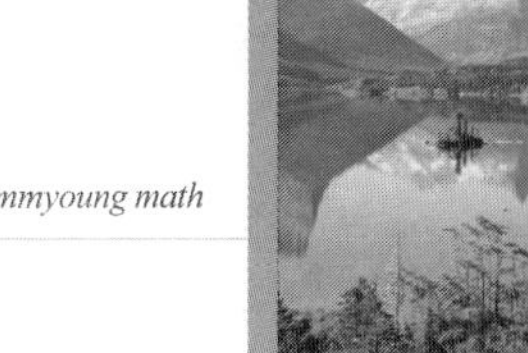

1 (1) 분모, 분자를 미분해 봐.

$$\frac{3x^2}{f'(x)}$$ 이지?

요기에 $x=1$을 넣어 봐. 3이지?

그러니까 3이 답이야.

(2) 분모, 분자를 미분해 봐.

$$\frac{2f(x)f'(x)}{1}$$ 이지?

요기에 $x=1$을 넣어 봐. 4이지?

그러니까 4가 답이야.

2 (1) 분모, 분자를 미분하면 $\dfrac{3f'(1+3h)+2f'(1-2h)}{1}$ 이자나.

요기에 $h=0$을 넣어 봐.

그럼 $3f'(1)+2f'(1)=5f'(1)=5$이지?

그러니까 답은 5야.

(2) 분모, 분자를 미분하면 $\dfrac{2hf'(1+h^2)}{1}$ 이지?

요기에 $h=0$을 넣어 봐. 어랏! 0이군.

그러니까 답은 0이야.

3 $f(2x)=4f(x)$를 미분해 봐.

$2f'(2x)=4f'(x)$이지? 요기에 $x=1$을 넣어 봐.

그럼 $2f'(2)=4f'(1)$이구 $f'(1)=3$이니까 $f'(2)=6$이야.

또, $2f'(2x)=4f'(x)$에 $x=2$를 넣어 봐.

$2f'(4)=4f'(2)=24$이니까 $f'(4)=12$이지?

그러니까 답은 12야.

4 $f(x)=x^2$을 택해 봐.

그럼 $f'(x)=2x$이니까 $f'(-a)=-2a$이자나.

보기에서 $-2a$인 걸 찾아봐.

$f'(a)=2a$이니까 ①이지?

그러니까 답은 ①이야.

5 조건을 만족하는 젤 간단한 함수를 찾아봐.

$f(x)=x$ 어때? 조치?

ㄱ. $f(0)=0$ 맞지?

ㄴ. $f(-a)=-a$이구 $f(a)=a$이니까

 $f(-a)\neq f(a)$이지? 그럼 틀리지?

ㄷ. $f'(a)=1$이구,

 $f(0)=0$이니까

 $f'(a)\neq f(0)$이지? 그럼 틀리자나.

그러니까 답은 ㄱ이야.

6 $f(a-x)=f(a+x)$를 미분해 봐.

그럼 $-f'(a-x)=f'(a+x)$이지?

요기에 $x=a$를 넣어 봐.

$-f'(0)=f'(2a)$이니까

$f'(0)=-f'(2a)$이자나.

그러니까 답은 ①이야.

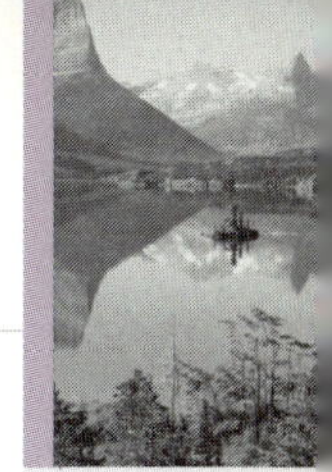

7 $\lim\limits_{x \to 3} \dfrac{f(x)-2}{x-3}=1$에서 $f(3)=2$이구,

$\lim\limits_{x \to 3} \dfrac{g(x)-1}{x-3}=2$에서 $g(3)=1$이지?

그럼 $\lim\limits_{x \to 3} \dfrac{f(x)-2}{x-3}=1$의 분모, 분자를 미분해 봐.

$\dfrac{f'(x)}{1}=1$이지? 요기에 $x=3$을 넣어 봐. $f'(3)=1$이군.

요번엔 $\dfrac{g(x)-1}{x-3}$의 분모, 분자를 미분해 봐.

$\dfrac{g'(x)}{1}=2$이지? 요기에 $x=3$을 넣어 봐. $g'(3)=2$이자나.

$f(x)g(x)$를 미분하면 $f'(x)g(x)+f(x)g'(x)$이니까…
$x=3$에서의 미분계수는
$f'(3)g(3)+f(3)g'(3)=1 \cdot 1+2 \cdot 2=5$이지?
그러니까 답은 5야.

8 $a=0,\ b=1$이라구 해 봐.
그럼 $f(x)=x^2(x-1)=x^3-x^2$이자나.
요걸 미분하면 $f'(x)=3x^2-2x=x(3x-2)=0$이니까

$x=0$ 또는 $x=\dfrac{2}{3}$ 에서 극값을 갖거든.

보기에서 $\dfrac{2}{3}$가 나오는 것을 찾아봐. ③이지?

그럼 ③이 답이야.

9 $f(x)=-1$을 택해 봐.

$f'(x)=0$이니까 $-1+x \cdot 0 < 0$ 을 만족하지?

그럼 이 함수는 x랑 관계없이 항상 음이자나.

그러니까 ④가 답이야.

10 $f'(x)=(x-1)(x+1)=x^2-1$로 택해 봐.

그럼 $f(x)=\dfrac{x^3}{3}-x+C$이지?

여기서 $C=0$으로 택해 봐.

그럼 $f(1)$은 음$(-)$이구, $f(-1)$은 양$(+)$이지?

그러니까 답은 ③이야.

Ⅳ 적분법

1 주어진 문제를 미분 문제로 바꾸면…

$P=(x+1)^3-(x-1)^3$과 같은 것은?

① $4x+2$ ② $4x-2$ ③ $6x^2+2$

④ $6x^2-2$ ⑤ $6x^2+4x+2$

가 되지?

이 때 P에 $x=1$을 넣으면 $P=8$이지?

그라믄 위의 보기에 $x=1$을 넣어 8인 걸 찾아봐. ③이지?

그럼 ③이 답이야.

2 주어진 문제를 미분 문제로 바꿔 봐.

$$P=(\sin\theta+\cos\theta)^2+(\sin\theta-\cos\theta)^2+\frac{1}{1+\tan^2\theta}+\sin^2\theta$$와

같은 것은?

① 1 ② 2 ③ 3

④ $2-\cos\theta$ ⑤ $3+\cos\theta$

이자나.

이 때 P에 $\theta=0$을 넣어 봐. $P=3$이지?

그럼 위의 보기에 $\theta=0$을 넣어 3인 걸 찾아봐. 3이라구?

당근 답은 ③이야.

3 $n=1$을 넣어 봐. $f(x)=\int x\,dx=\dfrac{x^2}{2}+C$이지?

근데 $f(0)=0$이니까 $C=0$이걸랑.

그럼 $f(x)=\dfrac{x^2}{2}$이니까 $f(1)=\dfrac{1}{2}$이지?

그럼 보기에 $n=1$을 넣어 $\dfrac{1}{2}$인 걸 찾아봐.

①, ②, ③이 정답 후보군.

$n=2$를 넣으면 $f(x)=\displaystyle\int x(x+2)\,dx=\dfrac{x^3}{3}+x^2+C$이구,

$f(0)=0$이니까 $C=0$이라구. 그럼 $f(1)=\dfrac{4}{3}$이지?

이제 ①, ②, ③에 $n=2$를 넣어 $\dfrac{4}{3}$인 걸 찾아봐. ②이지?

그러니까 ②가 정답이야.

4 $n=1$을 넣어 봐.

$F(x)=\displaystyle\int (x+1)(x-2)\,dx=\dfrac{x^3}{3}-\dfrac{x^2}{2}-2x+C$이지?

그럼 $F(0)-F(-1)=-\dfrac{7}{6}$이자나.

보기에 $n=1$을 넣어 $-\dfrac{7}{6}$인 걸 찾아보라구. ⑤이지?

그럼 ⑤가 답이야.

5 $f(0)=2$이니까 ①, ④가 정답 후보야.

$F(x)=xf(x)+3x^4-2x^3$을 미분하면

$f(x)=f(x)+xf'(x)+12x^3-6x^2$이지?

이걸 $f'(x)$에 대해 풀면 $f'(x)=-12x^2+6x$이자나.

그럼 ①, ④의 식을 미분해서 위의 식과 같은 걸 찾아봐. ①이지?

바로 ①이 정답이야.

6 일반적인 풀이는 적분을 이용하지만 대입으로도 풀 수 있어.

$x=1, y=0$을 택해 봐.

그럼 $f(1)=f(0)+f(1)$이니까 $f(0)=0$이지?

또 $x=1, y=-1$을 택해 봐.

그라믄 $f(0)=f(1)+f(-1)-6$이구…

$0=2+f(-1)-6$이니까

$f(-1)=4$야.

따라서, 답은 당근 4라구.

7 $f(x)=\int (1+2x+3x^2+\cdots+nx^{n-1})dx$에 $n=1$을 넣어 봐.

$f(x)=\int dx=x+C$이자나.

근데 $f(0)=1$에서 $C=1$이니까 $f(x)=x+1$이라구.

그럼 $(x-1)f(x)=x^2-1$이자나.

보기에 $n=1$을 넣어 x^2-1인 걸 찾아봐. ⑤이지?

그러니까 답은 ⑤야.

8 $a=0, b=2, c=1$을 택해 봐.

주어진 식은

$$\frac{p}{2}-\frac{1}{3}=\frac{7}{3}-\frac{3}{2}p$$이니까

$$p=\frac{4}{3}$$이자나.

그라믄 보기에 $a=0, b=2$를 넣어 $\frac{4}{3}$인 걸 찾아보라구.

⑤이지?

그러니까 답은 ⑤야.

9 $\displaystyle\int_{n-1}^{n} f(x)\,dx = 3n(n+1)$에 $n=1$을 넣어 봐.

그럼 $\displaystyle\int_{0}^{1} f(x)\,dx = 6$이지?

그러니까 $\displaystyle\int_{0}^{n} f(x)\,dx$에 $n=1$을 넣으면 6이자나.

6은 6의 배수이니까

당근 답은 ④라구.

10 $a=0,\ b=1$을 택해 봐.

0부터 1까지는 양수이니까

요 땐 $|x|=x$이구

$I=\displaystyle\int_{0}^{1} x\,dx = \dfrac{1}{2}$이자나.

그럼 보기에 $a=0,\ b=1$을 넣어 $\dfrac{1}{2}$인 걸 찾아봐.

②, ③, ④가 정답 후보라구?

자 ~ 2차전 가자…

$a=-1,\ b=0$을 택해 봐.

요 땐 $|x|=-x$이구

$I=\displaystyle\int_{-1}^{0} (-x)\,dx = \dfrac{1}{2}$이지?

②, ③, ④에서 $a=-1,\ b=0$을 넣어 $\dfrac{1}{2}$인 걸 찾아봐. ②이지?

그럼 ②가 답이야.

11 $a>0$인 경우를 체크할 때는 $a=1$을 넣어 보라구.

$$\int_0^a 2|x|\,dx=\int_0^1 2x\,dx=1\text{이자나.}$$

①, ②에 $a=1$을 넣어 봐. 둘 다 1이 아니지?

그럼 ①, ②는 탈락이니까 ③, ④, ⑤가 정답 후보군.

 ┃ *자 ~ 2차전 가자…*

$a<0$인 경우를 체크할 때는 $a=-1$을 넣어 보라구.

$$\int_0^a 2|x|\,dx=\int_0^{-1}(-2x)\,dx=-1\text{이자나.}$$

③, ④, ⑤에 $a=-1$을 넣어 봐. ③만 성립하지?

그럼 당근 답은 ③이야.

12 $f(t)=1,\,a=0$을 택해 봐.

$$F(x)=\int_0^x dt=x\text{이자나.}$$

그라믄 $F(x)-F(-x)=x-(-x)=2x$이니까

보기에서 $2x$인 걸 찾아봐.

②, ③, ④가 정답 후보군.

┃ *자 ~ 2차전 가자…*

$f(t)=t,\,a=0$을 택해 봐.

$$F(x)=\int_0^x t\,dt=\frac{x^2}{2}\text{이지?}$$

$F(x)-F(-x)=0$이니까 ②, ③, ④에서 0인 걸 찾아봐.

④라구?

당근 ④가 답이지.

13 $f(x+y)=f(x)+f(y)-3$에 $x=y=0$을 넣어 봐.

$f(0)=f(0)+f(0)-3$이니까 $f(0)=3$이지?

그럼 ①, ②, ③이 정답 후보군.

| 자~ 2차전 가자…

$f(0)=3$인 젤 간단한 함수를 택해 봐.

$f(x)=x+3$을 택했다구?

그럼 $f(-x)=-f(x)+$ (나) $f(0)$에 넣어 봐.

(나)$=2$이지? 그러니까 ①, ②가 정답 후보야.

| 에구구~ 3차전 가야겠군!

$f'(x)=$ (다) 에 $f(x)=x+3$을 넣어 봐.

그럼 (다)$=f'(x)=1=f'(0)$이지?

그러니까 답은 ②야.

14 $f(x)=x^3$, $g(x)=x$로 택해 봐.

그럼 $a=b=0$이자나.

글구 $x^3=x$에서 근은 $-1, 0, 1$이니까

답은 ⑤야.

15 $S_1=1, S_2=2, S_3=3$라고 해 봐.

$A=-1$이구,

$B=-1+2=1$이구,

$C=-1+2-3=-2$이자나.

그럼 $C<A<B$이니까

답은 C, A, B야.

Ⅴ 이차곡선과 벡터

1 원 위의 아무 점이나 하나 택해 봐. 간단한 걸루!

점 $(2, 0)$을 택하면 일차변환 f에 의해 점 $(2, 0)$으로 가니까

보기에서 $(2, 0)$을 만족하는 걸 찾아봐.

①, ②, ⑤가 정답 후보지?

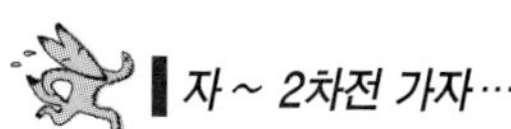

요번에는 점 $(0, 2)$를 택해 볼까? 점 $(0, 4)$로 가지?

요걸 만족하는 건 ⑤이지?

그러니까 답은 ⑤야.

2 주어진 두 식에 $\theta = 0$을 넣어 봐.

그럼 $x = 3, y = 0$이지?

그라믄 요걸 만족하는 걸 보기에서 찾아보라구.

④이지?

그럼 ④가 답이야.

3 $\theta = 0$이라구 해 봐.

$\overline{\mathrm{PF}} = a - c$이구,

$\overline{\mathrm{QF}} = a + c$이지?

그럼…

$$\frac{1}{\overline{\mathrm{PF}}} + \frac{1}{\overline{\mathrm{QF}}} = \frac{1}{a-c} + \frac{1}{a+c} = \frac{2a}{b^2}$$이자나.

그러니까 답은 ③이야.

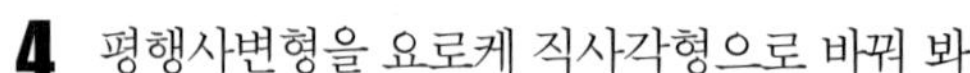

4 평행사변형을 요로케 직사각형으로 바꿔 봐.

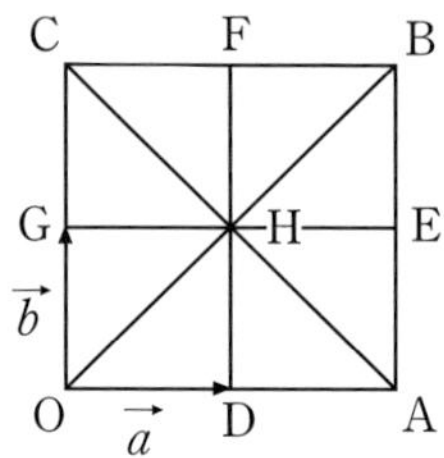

그럼 $\overrightarrow{OD}=\vec{a}=(1,\,0)$이구,

$\overrightarrow{OG}=\vec{b}=(0,\,1)$이라구 생각할 수 있자나.

이 때 $F(1,\,2)$, $A(2,\,0)$이니까

$\overrightarrow{FA}=(1,\,-2)$이지?

또 $H(1,\,1)$이니까

$\overrightarrow{AH}=(-1,\,1)$이지?

글구 $B(2,\,2)$, $C(0,\,2)$이니까

$\overrightarrow{BC}=(-2,\,0)$이자나.

인제 주어진 식을 $\vec{a}$, $\vec{b}$로 나타내 볼까?

$\overrightarrow{FA}+\overrightarrow{AH}+\dfrac{3}{2}\,\overrightarrow{BC}=(-3,\,-1)=-3(1,\,0)-(0,\,1)$이야.

그러니까 답은 $-3\vec{a}-\vec{b}$야.

5 요로케 그림을 바꾸어 보라구.

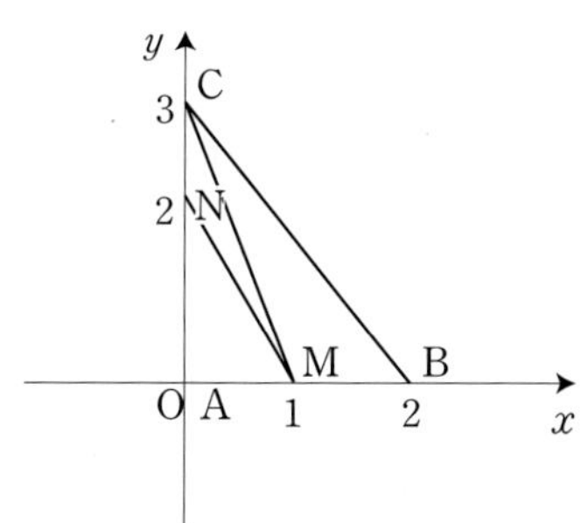

그림 $\overrightarrow{AB}=\vec{a}=(2,0)$, $\overrightarrow{AC}=\vec{b}=(0,3)$이지?

또 $M(1,0)$, $N(0,2)$이니까 $\overrightarrow{MN}=(-1,2)$이구

$C(0,3)$이니까 $\overrightarrow{MC}=(-1,3)$이지?

$\overrightarrow{MN}+\overrightarrow{MC}=(-2,5)=-(2,0)+\dfrac{5}{3}(0,3)$이군.

그러니까 답은 $-\vec{a}+\dfrac{5}{3}\vec{b}$ 야.

6 $\vec{a}=(1,0)$, $\vec{b}=(0,1)$을 택해 봐.

이 때 주어진 조건을 성분을 이용하여 나타내면

$(3k+2l,0)+(0,k-l-2)=(k-l,0)+(0,l+5)$이지?

그럼 $3k+2l=k-l$이구, $k-l-2=l+5$이니까

요걸 풀면

$k=3$, $l=-2$이지?

그러니까 답은 $k=3$, $l=-2$야.

7 $\vec{a}=(1, 0), \vec{b}=(0, 1)$을 택해 봐.

그럼 $\overrightarrow{OA}=(1, 2)$, $\overrightarrow{OB}=(-3, 1)$, $\overrightarrow{OC}=(3, m)$이지?

세 점 A, B, C가 일직선 위에 있으니까 실수 k에 대해

$\overrightarrow{AC}=k\overrightarrow{AB}$가 성립하지?

그럼 $(2, m-2)=k(-4, -1)$이지?

$2=-4k$, $m-2=-k$이니까 $m=\dfrac{5}{2}$이자나.

그럼 답은 $\dfrac{5}{2}$야.

8 보기에 $x=1, y=-2, z=3$을 넣어 성립하는 걸 찾아봐.

⑤이지?

그럼 ⑤가 답이야.

9 $P(0, 0, r)$를 택해 봐.

그럼 $z=r$가 구하는 평면이지?

그러니까 보기에 $a=b=0$, $c=r$를 넣어 $z=r$가 되는 걸 찾아봐.

②이지?

그러니까 답은 ②야.

정답이 **튀어** 나오는 [수학 Ⅱ]

서강대학교 물리학과 김원태 교수

"정교수의 끼와 재치가 넘쳐 흐르는 책이군요. 이런 방법으로도 수학 문제가 풀리다니… 개인적으로 함수나 방정식의 문제를 극단적인 경우를 선택하여 푸는 방법이 맘에 듭니다. 이런 방법은 제가 블랙홀이나 웜홀을 연구할 때도 간혹 사용하는 방법이니까요. 아무튼 놀라운 책입니다."

대진대학교 물리학과 이정재 교수

"책 전반에 걸쳐 이론 물리학의 방법을 고등학교 수학 문제의 새로운 풀이에 적용한 사례가 돋보입니다. 어려운 수학 문제가 이렇게 간단하게 풀린다는 것이 정말 놀랍군요. 정교수가 결국 세상을 놀라게 하는 책을 썼군요. 아무튼 모든 풀이 방법들이 너무나 신비롭게 느껴지는 책입니다."

한성과학고 장광영 선생님

"이 책은 수능수학에서 객관식 문제의 허점을 공략하고 있습니다. 이 책에는 정말 다양한 풀이법들이 제시되어 있어 문제를 쉽게 풀 수 있게 하는 데에도 도움이 되겠군요. 중하위권 뿐만 아니라 상위권 학생들에게도 필요한 책으로 이 책으로 인해 수학교육이 올바로 설 수 있기를 바랍니다."

대성학원 유재원 선생님

"학생들이 힘들어하는 그래프의 문제에 함수의 극한 개념을 도입함으로써 개략적인 그래프의 개형을 쉽게 파악할 수 있는 길을 제시하는 등 문제 풀이에 대한 또다른 시각을 보여줌으로써 학생들의 문제 해결력 향상을 꾀할 수 있습니다."

gimmyoung math